우리는 어떻게 우리가 되었을까?

우리는
어떻게
우리가
되었을까?

선택과 모험이 가득한
인류 진화의 비밀 속으로

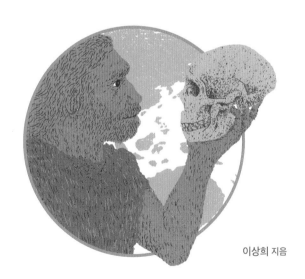

이상희 지음

우리학교

우리 안에 담긴 그들의 세상

옛사람들은 어떻게 살았을까요? 몇백 년 전이 아니라 몇백만 년 전 사람들의 이야기, 아직 '사람'이라고 부르기 어려울 만큼 오래전에 살았던 '사람의 조상' 이야기에 처음 흥미를 느꼈던 이유는 현실이 너무 팍팍해서였습니다. 저는 늘 어디론가 떠나고 싶었습니다. 대학을 졸업하고 미국으로 유학을 떠나면서 드디어 바람을 이루었죠. 그리고 그곳에서 대학 시절에도 거의 접한 적 없던 '고인류학'이라는 생소한 학문을 공부하게 되었습니다. 지금의 세계와 완전히 떨어진 별세계에 살던 옛사람들에게 매력을 느껴서였어요(진정한 별 세계를 공부하려면 천체 물리학으로 전공을 바꿔야 했지만, 그렇게까지 할 수는 없었습니다).

머나먼 시절로 거슬러 올라가야 만날 수 있는 사람의 조상, 딱히 사람이라 보기도 어려운 고인류는 작고 볼품없었습니다. 유치원생 정도의 몸집에 짧은 두 다리를 가진 그들은 뛰어 봐야 집채만 한 맹수에게서 도망칠 수 없었을 거예요. 물론 한 입 거리도 되지 않는 고인류를 잡아먹겠다고 뛰어다닐 맹수도 없었겠지만요. 이렇듯 생김새로만 봐서는 인류 진화 역사 속에 잠깐 흐릿한 빛을 내고 뒤안길로 스러졌어야 할 고인류는 무려 수백만 년간 아프리카에서 생존했습니다. 그 오랜 세월 동안 다양한 모습으로 다양한 환경의 변화에 적응하며 살았죠.

놀랍게도 고인류의 흔적은 여전히 우리 몸에 남아 있습니다. 아니, 고인류가 살던 때부터 지금의 인류에 이르기까지 사람으로서 살아가는 능력을 차근차근 쌓아 왔다고 해도 무리는 아닙니다. 화산이 폭발해 세상이 온통 화산재로 뒤덮여서 몇 년간 잿빛 하늘밖에 볼 수 없었던 때에도, 육지가 바다에 잠기고 눈보라가 몰아쳐서 눈을 뜰 수 없었던 때에도 인류는 살아남았습니다. 기후가 점점 건조해지고 추워져 먹거리를 구할 수 없자 풀뿌리로 겨우 목숨을 연명해야 했던 고인류 파란트로푸스가 풀뿌리를 실컷 먹어 치울 수 있는 머리뼈와 턱뼈를 가지고 당당히 200만 년을 살아 냈듯이요.

큰 몸집과 큰 머리, 훌륭한 사냥 도구를 장착한 채 전 세계를 정복했다고 믿었던 고인류 역시 실상은 작고 보잘것없었습니다. 그렇지만 그들은 새로운 환경에 유연하게 적응하고, 본래 그 지역에 살던 다른 고인류와 소통하며 함께 살아가는 기술을 익혔습니다. 서로 짝짓기해 다양한 면역력을 지닌 튼튼한 아이를 낳기도 했죠. 물론 살아남은 고인류만큼 살아남지 못한 고인류도 많았습니다. 그리고 그들은 모두 오늘의 지구를 살아가는 사람들의 조상이 되었습니다.

제가 처음 고인류학을 선택한 이유는 오늘을 살아가는 나와 아무런 관계가 없을 것 같아서였습니다. 하지만 알고 보니 고인류는 이미 내 안에 있었습니다. 현실에서 벗어나고 싶다는 마음에 수백만 년 전의 세계를 공부하기 시작했던 저는, 결국 우리가 모두 연결되어 있다는 사실을 깨닫고야 말았습니다. 지금의 우리와 전혀 상관없어 보이지만 사실 우리 안에 촘촘히 담긴 고인류의 세상, 그곳에 여러분을 초대합니다.

차례

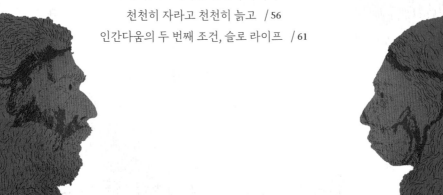

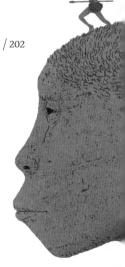

사라진 고인류의
얼굴로부터

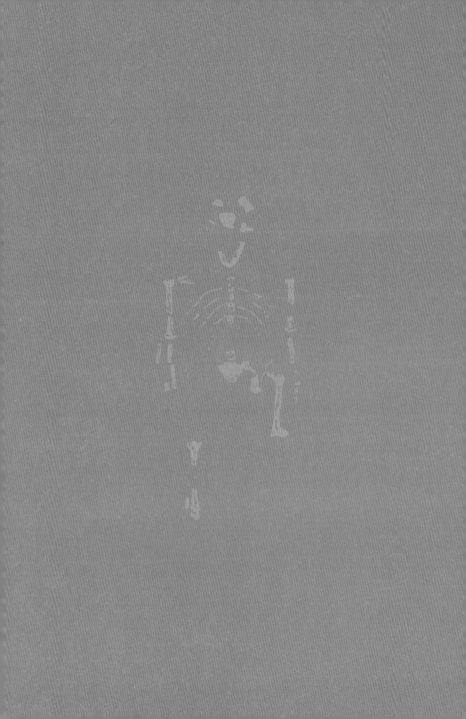

고인류학은 지금은 사라진 옛 인류를 연구하는 학문입니다. 옛 인류란 수백만~수십만 년 전에 살았던 사람들입니다. 뼈가 더는 뼈가 아니라 돌이 되어 버린 이들이죠. 사실 사람이라기보다는 사람의 조상이라 할 수 있습니다. 그렇지만 호모 사피엔스Homo sapiens는 아닙니다.

지금 우리는 '홀로' 있습니다. 호모속에 속하는 유일한 종, 호모 사피엔스는 우리밖에 없습니다. 현재 살아 있는 생물체 중에서 우리와 가장 가까운 계통은 인간과 매우 다르게 생긴 침팬지뿐입니다. 인류 진화 역사 속에서 지금과 같았던 때는 드뭅니다. 대부분의 인류 진화 과정에서 우리는 우리같이 생긴, 하지만 우리와는 다른 인류 계통과 공존했으니까요.

창문을 열고 밖을 내다보면 사람 같은데 사람은 아닌, 그렇다고 유인원도 아닌 사촌들이 돌아다니는 장면을 상상해 보세요. 바로 그런 우리의 사촌, 우리의 동기, 우리의 조상을 연구하는 학문이 고인류학입니다.

인류학자들은 옛 인류에 관한 가설을 세우고, 그들이 남긴 흔적으로 가설을 검증하고, 결론을 내려 큰 그림을 만들어 갑니다. 그런데 놀랍게도 그 그림이 옛 인류의 이야기가 아니라 오히려 우리 자신의 이야기일 때가 있습니다. 옛 인류를 바라보는 우리의 눈에 색안경이 끼워져 있기 때문입니다.

우리는 네안데르탈인^{Neanderthals}과 현생 인류^{Homo sapiens}를 비교하며 과연 네안데르탈인이 현생 인류의 조상인지 아닌지를 두고 몇십 년 동안 논쟁했습니다. 논쟁은 과학적 자료를 바탕으로 객관적 분석과 논리적 전개를 통해 이루어졌지만, 우리가 네안데르탈인을 바라보는 시선은 100퍼센트 객관적이고 논리적이지 않았습니다. 맨 처음 발견된 네안데르탈인 화석이 인류의 조상일지도 모른다는 생각이 퍼졌을 때, 독일의 생물학자 에른스트 헤켈^{Ernst Haeckel}은 그 화석에 '어리석은^{stupid} 인간'이란 뜻으로 '호모 스투피두스^{Homo stupidus}'라는 이름을 붙이자고 제안했습니다. 그도 그럴 것이 1909년 프랑스 파리의 신문에 실린, 인류학자 마르슬랭 불Marcellin Boule이 추정한 네안데르탈인은 구부정한 자세에 온몸이 털로 덮인 유인원 같은 모습이었습니다. 반면 현생 인류의 대표로 채택된 크로마뇽인Cro-Magnon은 듬직하고 잘생겼죠. 꾹 다문 입과 반듯한 이마, 똑바른 자세로 선 크로마뇽인과 달리 네안데르탈인은 제대로 서지도, 눈을 마주치지도 못한 채 주눅 들어 있는 듯한 모습입니다.

당시 네안데르탈인에 대한 자료가 없었던 것은 아닙니다. 이미 프랑스, 스페인, 벨기에 등에서 네안데르탈인 화석이 상당수 나타났습니다. 1908년 프랑스 라샤펠오생 지역의 동굴에서도 네안데르탈인의 화석이 발견되었어요. 뼈가 심하게 구부러지고 턱이 튀어나오고 입이 들어간 모습 때문에 이 화석은 '라샤펠의 늙은이'라는 별명으로 불렸습니다. 그리고 사람들은 여러 화석 중에서 '늙은이'라는 별명이 붙은 이 화석을 네안데르탈인의 대표로 삼았죠. 유럽의 후기 구석기인 화석 중에서는 크로마뇽인을 선택해서 호모 사피엔스의 대표로 삼았고요. 라샤펠오생 화석이 네안데르탈인이고 크로마뇽인 화석이 호모 사피엔스라는 사실은 틀림없지만, 굳이 그들을 각각 네안데르탈인과 호모 사피엔스의 대표로 선택한 이

Pl. I. Neanderthal man at the station of Le Moustier, overlooking the valley of the Vézère, Dordogne. Drawing by Charles R. Knight, under the direction of the author.

CRO-MAGNON ARTISTS OF SOUTHERN FRANCE
The procession of Mammoths in the Cavern of Font-du-Gaume. One of the Murals in the Hall of the Age of Man
Painted by Charles R. Knight, under the direction of Henry Fairfield Osborn

네안데르탈인의 모습을 표현한 삽화(위)와 크로마뇽인의 모습을 표현한 삽화(아래)에서 상반된 이미지가 드러난다.

유는 무엇일까요? 의식적이든 무의식적이든 어떤 의도가 있지 않았을까요?

그 후 고인류에 관한 편견을 넘어서려는 연구가 적극적으로 이루어지면서 네안데르탈인과 호모 사피엔스의 다양성이 드러나기 시작했습니다. 다양한 네안데르탈인의 모습에서 다양한 현생 인류의 모습을 발견할 수 있었죠. 그 배경에는 연구자들의 다양화도 한몫했습니다. 연구자들의 출신이나 성별, 성향 등이 서로 다를수록 관점도 훨씬 더 확장될 수 있으니까요. 21세기 현재, 네안데르탈인의 다양한 모습은 호모 사피엔스의 다양한 모습과 그다지 다르지 않습니다.

과거 사람들이 네안데르탈인을 대표하는 화석을 의도적으로 지정했듯이, 인류를 대표하는 인간의 성별도 특정되었습니다. 네안데르탈인이든 호모 사피엔스든 모든 고인류를 대표해 온 성별은 '남자'입니다. 독일계 언어인 영어에서 'man'은 남자를 가리키지 않습니다. 보통 명사로 '인간'이라는 뜻이죠. 1871년에 출간된 찰스 다윈Charles Darwin의 『인간의 유래Descent of Man』는 말 그대로 '인간'의 유래이지 '남자'의 유래를 뜻하지 않습니다. 그렇지만 실제 책 내용을 들여다보면 남자의 이야기입니다. 인간다움의 대표적인 특징인 큰 머리에 두 발 걷기를 하고, 도구를 만들어 사용하고, 뛰어난 사냥꾼이 될 수 있었던 존재는 모두 남자로 그려집니다. 약 100년 뒤인 1968년에 출간된 『맨 더 헌터Man the Hunter』라는 책도 남자들의 사냥으로 인류의 진화가 특별해졌다고 주장하죠. 1981년 인류학자 오언 러브조이Owen Lovejoy는 논문 「인간의 기원Origin of Man」에서 가족을 부양하는 가장으로서의 남자가 어떻게 인류 진화를 탄생시켰는지 이야기합니다.

구글에서 '선사 시대 사람'이란 키워드를 검색하면 등장하는 이미지 속 사람은 대다수 남자입니다. 사냥하고 벽화를 그리고 전투하고 석기와 토기를 만들고 모닥불 앞에서 이야기꽃을 피우는 사람들 모두 남자이죠. 반면에 여자는 아이와 있거나 바닥에 엎드려서 일하는 모습으로 그려집니다. 우리에게 익숙한 성 분업의 모습을 고인류에게도 고스란히 적용한 것입니다.

고인류는 생산성이 높아지는 시기부터 성별로 분업했다고 알려져 있습니다. 어쩌면 당연하죠. 사람들이 모여서 다 같은 일을 하는 것이 아니라, 남자가 하는 일과 여자가 하는 일을 나누고, 늙은이가 하는 일과 젊은이가 하는 일을 나누면 생산성이 훨씬 더 높아질 테니까요. 문제는 그것을 추정이나 가설이 아니라 기정사실로 만들고, 더는 검증의 영역이 아니라 상정의 영역으로 여길 때 생깁니다. 인류 역사상 고인류가 성별 분업을 했다는 직접적인 자료는 없습니다. 오늘날 우리가 그렇게 추정하고 가정할 뿐입니다.

하지만 고인류학계 내에서는 우리가 쓰고 있던 색안경을 바꾸어 보려는 시도가 계속되고 있습니다. 그동안 당연하게 여겼던 사실이 과연 그러한지 탐구하는 것이죠. 최근 발표된 논문에는 옛사람들이 토기를 만드는 과정에서 손가락으로 누를 때 찍힌 지문을 분석한 결과가 나옵니다. 여자와 남자의 지문 골이 평균적으로 다르다는 사실을 바탕으로 분석한 결과, 지문의 성 비율은 최소 1 대 1로 나타났습니다. 토기를 남자만 만들었던 것도, 여자만 만들었던 것도 아니었다는 결론을 내릴 수 있죠. 또 어떤 논문은 손가락 자국이 많은 벽화를 분석했습니다. 집게손가락과 약손가락의 길이는 성호르몬의 영향을 받기 때문에 그 길이로 성별을 추정할 수가 있어요. 벽화에 찍힌 손가락의 길이를 분석했더니 역시나 성 비율이 1 대 1이었습니다.

사냥은 일반적으로 남자들의 행위로 여겨집니다. 사냥이 남자들의 전유물이라고 주장하는 사람들은 민족지* 자료를 근거로 듭니다. 민족지 자료를 보면 항상 남자들이 집단을 이루어 사냥한다고 나오기 때문이죠. 하지만 고인류학계는 민족지 자료 대다수가 편견을 바탕으로 수집되었다는 사실을 인정합니다. 지난 20~30년간 새로운 접근으로 수집된 자료에 따르면, 생계를 위한 사냥은 다양한 성별과 연령 집단이 참가하는 행위였습니다. 최근에는 고고학 자료를 통해서 사냥꾼 집단에 여자와 남자 모두가 포함되어 있었다는 논문도 발표되었습니다.

우리는 성별을 추정할 때도 비슷한 가정을 합니다. 330만 년 전의 오스트랄로피테쿠스 아파렌시스 Australopithecus afarensis 화석 'AL 288-1'은 흔히 여자로 알려져 있죠. 별명마저 여자 이름인 루시Lucy입니다. 박물관에서도 여자의 모습으로 표현된 루시를 볼 수 있습니다. 그런데 루시가 여자인지 어떻게 알까요? 루시 화석을 발견한 도널드 조핸슨Donald Johanson 의 회고에 따르면, 그는 온종일 뼈를 모으던 중 마지막에 발견한 뼛조각들이 아주 중요한 화석이라는 사실을 직감했습니다. 그 뼛조각들을 정리할 때 마침 작업실에서 비틀스의

● 민족지는 여러 민족의 생활 양식 전반에 관해 현지 조사를 바탕 삼아 체계적으로 기술한 자료이다.

오스트랄로피테쿠스 아파렌시스 '루시(AL 288-1)'의 뼛조각

노래 〈루시, 다이아몬드와 함께 저 하늘 위에Lucy in the Sky with Diamonds〉가 흘러나왔고, 조핸슨은 뼛조각에 '루시'라는 이름을 붙였습니다. 뼛조각을 발견했을 때부터 이미 그것을 여자라고 생각한 것입니다.

　인골에 골반이 남아 있으면 90퍼센트 적중률로 성별을 추정할 수 있습니다. 현생 인류의 여자와 남자의 골반은 다르게 생겼습니다. 머리가 큰 아이를 낳아야 했던 여자의 골반이 특별하게 생겼기 때문입니다. 이것은 현생 인류의 이야기입니다. 반면 330만 년 전 오스트랄로피테쿠스 아파렌시스인 루시의 골반도 현생 인류와 같은 방식으로 성별을 구별할 수 있는지는 알 수 없습니다. 검증되어야 하는 부분이죠.

조핸슨은 단지 작다는 이유로 루시를 여자라고 생각했을 것입니다. 물론 여자가 평균적으로 작을 수도 있겠죠. 하지만 조핸슨이 에티오피아에서 루시를 발견했던 1974년만 해도 330만 년 전 인류 집단에서 이 정도 개체가 작은 크기였는지 확인할 방법은 없었습니다. 오스트랄로피테쿠스 아파렌시스 화석이 많지 않던 시기였거든요. 당시 발견된 화석 중 큰 개체는 없었습니다. 그러니까 루시가 작다는 판단은 '직감'이었던 셈입니다. 루시가 발견되었을 당시에 가장 큰 논란을 일으킨 것은 루시가 여자가 아니라 다른 종일지도 모른다는 주장이었습니다. 물론 그 주장은 인정받지 못했습니다. 이후 AL 444-2와 같이 또 다른 오스트랄로피테쿠스 아파렌시스 화석이 여럿 발견되면서 루시[AL 288-1]가 같은 종에 크기만 다른 여자일 가능성이 커졌어요. 과학은 결론만큼 결론에 도달한 과정이 중요합니다. 그리고 추론의 과정에서 어떤 전제가 상정되었는지 검토하는 일도 매우 중요하죠. 루시를 여자라고 생각한 전제, 작으면 여자라는 전제 역시 반드시 검토하는 과정이 필요했습니다.

아프리카 탄자니아에서 발견된 360만 년 전의 라에톨리 발자국 화석은 인간이 머리가 커지기 전에 두 발로 걸었다는 사실을 보여 주었습니다. 그만큼 중요한 화석이었죠. 라에톨리 발자국을 본 많은 사람이 그 땅을 걸었을 고인류의 모습을 상상했습니다. 그리고 상상한 모습을 본떠 모형을 만들었는데, 그 안에는 역시나 전제로 깔고 상정했던 생각이 드러나 있습니다. 미국 자연사 박물관에 전시되었던 오스트랄로피테쿠스 아파렌시스의 모형이 대표적인 예입니다. 정면을 바라보는 키 큰 남자가 작은 여자의 어깨를 감싸 안으며 보호

미국 자연사 박물관에 전시되었던 오스트랄로피테쿠스 아파렌시스 모형에는 남녀 관계에 대한 우리의 편견이 반영되어 있다.

해 주고 여자는 두려움에 떠는지 주변을 두리번거리는 듯한 모양새의 이 모형은 많은 비판을 받았습니다. 오스트랄로피테쿠스 아파렌시스가 이런 모습으로 걷지 않았을 것이라는 보장은 없지만, 이런 모습으로 걸었을 것이라는 상정 속에는 남녀 관계에 대한 편견이 담겨 있죠. 우리의 무의식 속에 있는 남녀 관계가 360만 년 전 고인류를 상상하는 모형에서도 나타나는 것입니다.

오스트랄로피테쿠스 아파렌시스, AL 288-1, AL 444-2 등 어려운 이름을 가진 화석들은 이름이 아닌 얼굴로 우리에게 다가옵니다. 그리고 우리는 그 얼굴을 보며 상상하게 되죠. 필연적으로 화석은 일부분만 남습니다. 남지 않은 부분은 우리의 상상력으로 채우게 됩니다. 그중 어떤 부분은 가설이 됩니다. 그리고 검증됩니다. 하지만 그토록 풍부하고 강력한 상상력에 우리의 편견이 개입되는 것은 아닌지 되돌아볼 필요가 있습니다.

오늘날 고인류학계는 고인류학의 역사에서 빼놓을 수 없는 인종주의, 제국주의, 성차별의 유산을 인정하고 청산하기 위해 꾸준히 노력하고 있습니다. 고인류학은 더 이상 존재하지 않는 수백만~수십만 년 전 사람의 조상을 연구하는 학문입니다. 우리가 어디에서 왔는지를 알려 주기도 하지만, 고인류를 바라보는 우리의 시선을 통해 스스로를 돌아볼 수 있게 해 주는 거울이기도 합니다. 인류의 진화를 연구하는 고인류학 역시 하루하루가 다르게 새롭고 역동적으로 진화하고 있습니다.

1장

인류의 시작
우리는 어디에서 어떻게 왔을까?

**'진화'라는
놀라운 생각이 시작되다**

어떤 사람들은 인간이 침팬지로부터 왔느냐고 묻습

니다. 침팬지는 인류와 가장 가까운 계통이지만 우리는 침팬

지로부터 온 것이 아닙니다. 침팬지는 우리 조상이 아닙니다.

학자들은 인류와 침팬지가 공통 조상을 가졌던 때가 700만

~600만 년 전이라고 추정합니다. 그 후 인류와 침팬지는 공

통 조상에서 갈라져 나왔습니다. 우리는 침팬지를 보면서 공

통 조상이 어떤 생김새였을지, 지금 우리의 모습이 왜 이런지

가늠해 봅니다. 침팬지와 비교하면 인간은 두개골이 크고 치

아가 작습니다. 침팬지도 우리를 보면서 공통 조상의 모습을

떠올릴지 모릅니다. 침팬지가 우리처럼 '생각'한다면 말이죠.

어쩌면 '인간의 시작', '인류의 기원'이라는 말이 거창하게 느껴질 수 있습니다. 사실 이 말은 아주 혁명적인 개념입니다. 인간이 언제나 있어 왔고 앞으로도 영원히 있을 존재가 아니라 '시작과 끝'이 있는 존재라는 생각은 19세기에야 등장했거든요.

인간에게 '호모 사피엔스'라는 이름을 붙인 것은 18세기 스웨덴의 식물학자이자 분류학자인 칼 폰 린네^{Carl von Linné}입니다. 중세 이후 유럽, 아시아, 아프리카, 아메리카 등 대륙 간의 교통이 활발해지면서 수많은 생명체가 한꺼번에 발견되었습니다. 유럽이라는 작은 세계에 살던 사람들은 너무도 다양한 생명체의 등장에 혼란스러워했습니다. 수천수만 종의 동식물뿐만이 아니라 현미경의 발달로 눈으로는 보기 힘든 생명체까지 발견했죠. 현미경으로 빈대의 모습을 자세히 들여다본 사람들은 괴물에 가까운 그 생김새에 경악했습니다.

린네는 이 복잡하고 정신없어 보이는 생물 세계에도 질서가 있다는 사실을 밝히고 싶었습니다. 그래서 비슷한 생물끼리 같은 종으로, 비슷한 종끼리 같은 속으로, 비슷한 속끼리 같은 과로 분류했습니다. 그렇게 '종속과목강문계種屬科目綱門界

칼 폰 린네는 1753년 출간한 『식물의 종』에서 생물에 학명을 붙이는 방법을 최초로 제시했다.

界'라는 생물 분류 체계가 생겨났죠. 린네는 인간에게도 '호모 사피엔스'라는 종의 이름을 붙였습니다. 이때부터 종의 이름을 속명과 종명 두 단어로 표현하기 시작한 것입니다.

린네가 의도한 건 아니지만, 인간에게 붙인 종의 이름은 큰 파장을 일으켰습니다. 인간도 동물 중 하나로 분류되었기 때문이죠. 인간은 자연으로부터 따로 떨어져 있지 않고 다른 동물과 마찬가지로 자연의 일부라는 의미였어요. 그로부터 100년 후, 찰스 다윈은 『종의 기원On the Origin of Species』과 『인간의 유래』를 발표합니다. 생명체는 모두 기원이 있고 오랜 시간에 걸쳐 진화하고 변화하며 다른 종으로 갈라지고 멸종하기도 한다는 생각을 세상에 내놓은 것입니다. 생명체 하나하나의 종은 그 자체로 완벽한 신의 창조물이라서 영원히 변하지 않는다는 당시의 생각에 정면으로 도전한 셈이었습니다.

다윈은 인간 역시 기원이 있고, 그 시작은 아프리카라고 생각했습니다. 아프리카에 인간과 가장 비슷하게 생긴 유인원들이 살고 있었거든요. 지금 우리는 인간과 비슷하게 생긴 유인원이라고 하면 침팬지와 고릴라를 떠올립니다. 하지만 다윈이 살던 시대 사람들의 생각은 달랐습니다. 그들은 인간의 기원이 아시아라고 생각했는데, 그 배경에는 다윈과 동시대 사람인 독일의 생물학자 에른스트 헤켈이 있습니다. 인간과 다른 유인원의 뼈를 비교한 헤켈은 인간이 침팬지나 고릴라가 아니라 긴팔원숭이와 비슷하다고 생각했습니다. 똑바로 서고 두 발로 걷기 때문이었죠. 긴팔원숭이는 놀랍도록 잘 걷습니다. 그래서 인간과 가장 비슷한 유인원은 침팬지나 고릴라가 아니라 긴팔원숭이나 오랑우탄이라고 생각했어요.

이런 이유로 헤켈은 긴팔원숭이가 사는 동남아시아를 인류의 기원지로 주장했고, 그 생각이 당시의 정설이 되었습니

긴팔원숭이   오랑우탄   침팬지   고릴라   인간

토머스 헉슬리의
『자연에서 인간 위치에 대한 증거』(1863) 삽화

다. 1889년 네덜란드의 인류학자 외젠 뒤부아 Eugéne Dubois도 자신의 재산을 털어서 인간의 조상 화석을 찾으러 인도네시아로 떠납니다. 뒤부아가 동남아시아 아무 데나 눈 감고 찍어서 간 것은 아니었어요. 인도네시아에 그의 나라인 네덜란드가 세운 동인도 회사가 있었기 때문에 필요한 자원을 지원받을 수 있었습니다. 게다가 뒤부아는 운 좋게도 인도네시아에서 땅을 파자마자 자바인 Java Man 화석을 발견합니다. 그가 발견한 자바인은 두개골 크기가 900시시^{cc} 정도로, 침팬지의 두배 정도이지만 1400시시인 현생 인류의 두개골보다는 작았습니다.

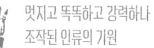

멋지고 똑똑하고 강력하나
조작된 인류의 기원

하지만 자바인은 인류의 기원으로 인정받지 못했습니다. 다른 조상 후보들이 더 있었기 때문입니다. 그중 필트다운인 Piltdown Man이 가장 유력한 후보였습니다. 필트다운인화석은 1912년 영국 런던 근처에서 발견되었습니다. 큰 머리와 무시무시한 송곳니를 가지고 있어서 똑똑하고 강력하고 멋져 보이는 모습이었습니다. 필트다운인의 정식 종명은 '에오안트로푸스 도스니Eoanthropus dawsoni●'인데 '에오안트로푸스'는 '여명의 인간'이란 뜻입니다. 이름만 봐도 당시 사람들이 필트다운인에게 어떤 희망을 품었는지 짐작해 볼 수 있습니다. 참고로 '호모 사피엔스'의 '사피엔스'는 '지혜'라는 뜻입니다.

중국 베이징에서 발견된 베이징인Beijing Man도 자바인과 같은 호모 에렉투스Homo erectus로 인류의 조상 후보에 이름을 올렸습니다. 이 화석들이 모두 1920년대에 등장했습니다. 그리고 이때 또 다른 중요한 일이 일어납니다. 타웅 아이Taung Child가 발견된 것입니다. 남아프리카에서 오스트레일리아의 고고학자 레이먼드 다트Raymond Dart가 발견한 타웅 아이는 조그만 두뇌에 보잘것없어 보이는 고인류 화석이었습니다. 다트는 이 타웅 아이가 인류의 조상이라고 주장했습니다. 그리고 종 이름을 '오스트랄로피테쿠스 아프리카누스Australopithecus africanus'라고 지었습니다. '오스트랄로'는 '남쪽', '피테쿠스'는 '유인원', '아프리카누스'는 '아프리카에서 온'이라는 뜻입니다.

● '에오안트로푸스 도스니'의 '도스니'는 이 화석을 발견했다고 알려진 영국의 고고학자 찰스 도슨(Charles Dawson)의 이름에서 따왔다.

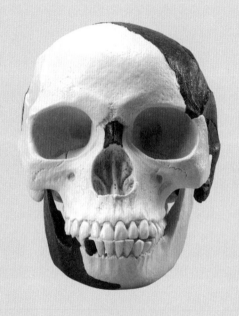

필트다운인

Eoanthropus dawsoni

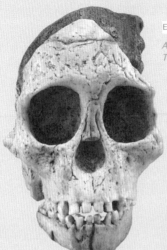

타웅 아이
Australopithecus africanus
Taung Child

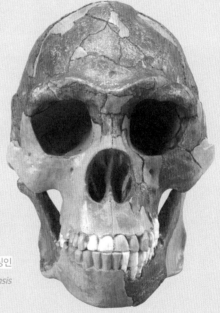

베이징인
Homo erectus pekinensis

그런데 아프리카에 대해 편견이 있던 사람들은 '아프리카에서 온 남쪽의 유인원'이 인류의 조상이라고 쉽게 인정하지 않았습니다. 이미 필트다운인이 있는데 아프리카에서 내 조상이 왔다니 상상할 수도 없고 인정할 수도 없는 가설이었습니다. 20세기 초중반에 영국에서는 필트다운인, 독일에서는 네안데르탈인, 프랑스에서는 크로마뇽인이 발견됩니다. 마치 영국, 독일, 프랑스가 인류의 진화를 평정하겠다는 듯이 나섰고, 그렇게 유럽이 인류의 기원지가 되었습니다. 여기에 아프리카는 명함도 내밀지 못하는 상황이었죠.

그런데 놀랍게도 1953년도에 필트다운인이 가짜였다는 사실이 밝혀집니다. 중세 사람의 머리뼈, 오랑우탄의 아래턱뼈, 침팬지의 이 등 여러 개체를 조합한 가짜 화석 사건의 용의자로 필트다운인을 발견했다는 찰스 도슨을 포함해 여러 사람이 의심을 받았지만, 확실한 사실은 밝혀지지 않았습니다. 그리고 20세기 후반부터 화석들이 쏟아져 나오면서 아프리카는 인류의 기원지로 인정받습니다. 두 발 걷기만 인간답고 나머지는 유인원처럼 보였던 오스트랄로피테쿠스 아파렌시스가 발견되면서 아프리카는 인류의 기원지가 되었습니다.

엉덩이와 골반뼈가 들려주는 아주 인간다운 이야기

가장 유명한 고인류 화석인 '루시'는 1974년 동아프리카 에티오피아 아파르 지역에서 발견됩니다. 발견자 도널드 조핸슨은 이 화석에 '오스트랄로피테쿠스 아파렌시스'라는 종명을 붙였습니다. 이미 등장했던 '오스트랄로피테쿠스 아프리카누스'가 속했던 속과 다르지 않아서 '오스트랄로피테쿠스' 속명을 그대로 썼지만, '아프리카누스'와는 다르게 생겼기에 '아파렌시스'라는 새로운 종명을 붙였죠.

330만 년 전에 살았던 오스트랄로피테쿠스 아파렌시스인 루시의 두개골은 학자들이 추측해서 복원한 것입니다. 실제로 발견 당시의 루시 화석은 목뼈 아래로만 남았고 머리뼈는 거의 없었습니다. 목뼈 아래의 뼈를 살펴봤을 때, 루시가 두 발로 걸었다는 사실을 추정할 수 있었죠. 오스트랄로피테쿠스가 두 발로 걸었다는 사실이 밝혀지자 사람들은 매우 놀랐습니다. 최초의 인류인 오스트랄로피테쿠스는 머리가 작았을 뿐 아니라 많은 부분이 침팬지와 비슷했습니다. 단 '두 발 걷기'라는 굉장히 인간적인 특징을 가지고 있었어요.

오스트랄로피테쿠스 아파렌시스는 머리뼈를 보면 침팬

지와 별반 다르지 않습니다. 맨눈으로 보면 몸의 다른 부분도 마찬가지입니다. 하지만 눈에 띄게 다른 부분이 있는데, 바로 '골반'입니다. 루시의 골반뼈를 네 발 걷기를 하는 침팬지의 골반뼈와 비교해 볼까요? 침팬지의 골반은 엉덩뼈 부분이 판판합니다. 그에 비해 두 발 걷기를 하는 루시의 골반은 엉덩뼈가 판판하지 않고 왕관처럼 둥그렇게 돌아간 모양이죠.

엉덩뼈에는 엉덩이 근육이 붙습니다. 엉덩이 근육은 네 발 동물이 움직일 때 몸을 앞으로 미는 기능을 합니다. 하지만 두 발 걷기를 하는 동물의 엉덩이 근육은 다른 임무를 맡습니다. 판판하던 골반뼈가 둥근 왕관 모양이 되면서 엉덩이 근육이 앞뒤로 붙지 않고 옆으로 감싸 붙게 됩니다. 그러면

침팬지의
골반뼈

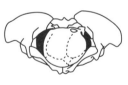

오스트랄로피테쿠스
아파렌시스(루시)의
골반뼈

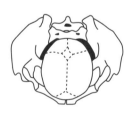

호모 사피엔스의
골반뼈

엉덩이 근육이 수축할 때 몸을 앞으로 미는 것이 아니라 옆에서 몸을 잡아 주는 역할을 하죠. 옆에서 몸을 잡아 주는 건 두 발 걷기에서 무엇보다 중요한 임무입니다.

두 발 걷기의 가장 큰 어려움은 앞으로 나가기가 아니라 한 발로 섰을 때 균형 잡기입니다. 몸은 앞뒤가 아니라 양옆으로 흔들립니다. 한 발로 서 보면 금방 알 수 있어요. 흔들리는 몸을 잡아 주는 것이 바로 옆으로 단단하게 붙어 있는 엉덩이 근육입니다.

오스트랄로피테쿠스 아파렌시스가 두 발로 걸었다는 사실은 뼈뿐만이 아니라 발자국 화석에도 나타나 있습니다. 발자국을 보고 두 발로 걸었는지 어떻게 알 수 있을까요? 두 발로 걷는 짐승의 발자국은 엄지발가락이 다른 발가락과 같은 방향입니다. 두 발로 걸을 때 한 발로 체중을 계속 지탱해야 하고, 한 발에서 다른 발로 체중을 옮길 때는 엄지발가락으로 밀면서 움직이기 때문입니다. 그래서 큰 엄지발가락이 다른 발가락들과 나란히 있는 발자국을 보면, 오스트랄로피테쿠스 아파렌시스가 두 발로 걸었다는 사실을 알 수 있죠.

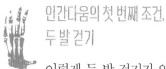

인간다움의 첫 번째 조건, 두 발 걷기

이렇게 두 발 걷기가 인류 진화 역사에서 가장 처음 등장한 '인간다움'으로 자리 잡았습니다. 그런데 21세기에 이 정설에 커다란 의문을 던지는 화석이 등장합니다. 바로 '아르디피테쿠스 라미두스_Ardipithecus ramidus'입니다. 마치 손처럼 생긴 아르디피테쿠스 라미두스의 발은 큰 엄지발가락이 다른 발가락과 붙지 않고 엄지손가락처럼 옆으로 나 있습니다. 나무 타기에 적응된 몸을 가지고 있었다는 이야기입니다.

두 발로도 걷고 나무도 탈 수 있었다니, 이는 두 발 걷기가 인류의 시작과 함께 갑자기 완성형으로 등장한 게 아니라는 사실을 알려 줍니다. 지금의 인류가 두 발로도 걷고 나무도 타는 단계를 거친 뒤에야 오늘날과 같이 두 발 걷기에 정착했다는 사실을 뜻하죠.

종은 다른 종으로부터 시작하고 변화하며 다시 다른 종으로 갈라지면서 멸종합니다. 인간도 예외가 아닙니다. 인간이라는 외동 계통에도 조상이 있고 기원이 있습니다. 500만 년 전 새로운 계통으로 시작한 인간의 조상은 다른 유인원과 별반 다를 바가 없었습니다. 단지 두 발 걷기를 했다는 흔적만

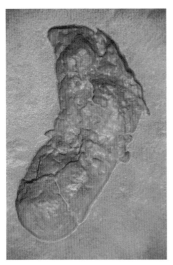

오스트랄로피테쿠스 아파렌시스의 발자국(왼쪽)과 아르디피테쿠스 라미두스의
발가락뼈(오른쪽)

이 유일한 인간다움이었습니다. 게다가 두 발 걷기 역시 한
번의 완성형으로 등장하지 않았습니다. 인간은 특별합니다.
하지만 인간의 특별함은 한 번에 완성된 것이 아니라 오랜 시
간에 걸쳐 조금씩 마련되었습니다. 이처럼 특별한 인간이 어
떻게 만들어졌는지 계속해서 살펴보겠습니다.

2장

힘들게 태어나기
불리한 듯 유리한 생존 전략

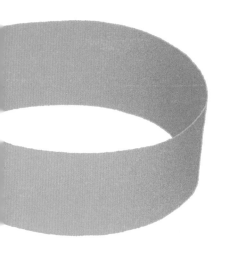

출산, 종의 문제이자 골반의 문제

서로 갈라져 나가기 전, 인류와 침팬지의 공통 조상은 아마도 침팬지와 비슷하게 생긴 골반을 가지고 있었을 것입니다. 침팬지뿐만 아니라 네 발로 걷는 동물들에게서 흔히 볼 수 있는 모양의 골반입니다. 넓적한 부채 모양의 골반에 앞뒤로 붙은 근육으로 다리를 움직여서 앞으로 나아갈 수 있죠. 인류는 넓적한 부채 모양의 골반 대신 둥근 왕관 모양의 골반을 가지고 있습니다. 그리고 왕관 모양의 골반은 인류가 두 발로 걸으면서 가장 어려워했던 한 발로 서는 문제를 해결해 주었습니다. 골반 앞뒤가 아니라 옆으로 붙게 된 엉덩이

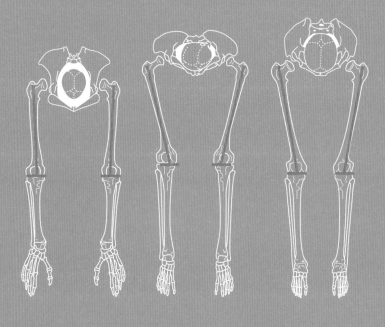

침팬지의
골반과 다리뼈

고인류의
골반과 다리뼈

현생 인류의
골반과 다리뼈

근육이 한 발로 섰을 때 몸의 양옆을 안정감 있게 잡아 준 덕분이죠.

한 발 서기를 쉽게 하려면 고관절*이 몸의 중앙선에 가까울수록 좋습니다. 고관절이 몸의 중앙선에서 멀어질수록 체중이 옆으로 전달되고 그만큼 몸이 기우뚱거리게 됩니다. 오른쪽에서 왼쪽으로 움직일 때마다 체중이 옆으로 움직여야 하니까요. 고관절이 몸의 중앙선에 가깝다는 것은 골반이 좁다는 것을 의미합니다. 다시 말해 두 발 걷기를 위한 골반은 좁아야 합니다.

그런데 인류의 또 다른 특징은 큰 두뇌입니다. 좁은 골반은 두 발 걷기에 최적화되어 있지만 큰 두뇌를 가진 아기를 낳으려면 양옆으로 넓은 골반이 필요합니다. 인류의 두뇌 용량이 눈에 띄게 증가하기 시작한 200만 년 전부터 호모속에게는 골반에 관한 고민거리가 생깁니다. 두 발 걷기를 계속하면서 큰 두뇌를 가진 아이를 낳아야 했기 때문이죠. 이것은 아이를 낳는 사람만의 문제가 아닙니다. 종[*]의 문제입니다. 여자 골반의 문제가 아니라 '호모 사피엔스' 골반의 문제예

● 고관절은 골반과 넙다리뼈를 연결하는 관절로, '엉덩 관절'이라고도 한다.

요. 이 문제를 해결하기 위해 인간은 덜 자란 아이를 낳게 되었습니다.

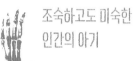

조숙하고도 미숙한 인간의 아기

새끼는 미숙하게 태어나기도 하고, 조숙하게 태어나기도 합니다. 미숙한 채로 새끼를 낳는 대표적인 동물은 새입니다. 새는 태아기가 짧고 동기가 많습니다. 여러 마리가 함께 태어나죠. 갓 태어난 새끼는 눈과 귀가 닫혀 있어서 보지도 듣지도 못합니다. 당연히 움직이지도 못하고요. 조숙한 새끼를 낳는 동물로는 말과 소, 영장류가 있습니다. 이들은 태아기가 길고 동기가 많지 않습니다. 외동(한 번에 하나씩)으로 태어나는 경우가 많아요. 감각 기관이 발달해서 태어나자마자 보고 들을 수 있습니다. 몸은 털로 덮여서 체온 조절에도 능숙합니다. 움직임도 활발한데, 심지어 송아지나 망아지는 태어나자마자 뛰기도 합니다. 게다가 두뇌까지 거의 완성된 상태에서 태어납니다.

인간은 어떤가요? 인간의 아기는 조숙한 면과 미숙한 면

미숙한 채로 태어나는 새와
조숙한 채로 태어나는 말,
그리고 조숙하고도 미숙하게 태어나는 인간

을 모두 가지고 있습니다. 태아기가 길고 보통 외동으로 태어납니다. 태어나면 눈과 귀가 작동하기 시작하고요. 배 속에 있을 때부터 부모의 목소리를 듣는다고도 하죠. 시력도 뛰어나지는 않지만 약 30센티미터 거리까지는 볼 수 있습니다. 갓난아이가 엄마 품에 안겨 젖을 먹으면서 엄마와 눈을 맞출 수 있는 거리가 30센티미터입니다. 그리고 몸의 크기가 큰 편입니다.

인간의 아기는 태어나면서 감각 기관이 작동하고 몸집이 크다는 점에서 조숙하지만, 팔다리가 짧고 몸을 가눌 힘이 없다는 점에서는 미숙합니다. 심지어 두뇌도 덜 커서 두개골의 봉합선이 열려 있습니다. 아기의 숨골에서는 팔딱팔딱 뛰는 두뇌가 느껴지고 보이기도 합니다. 이렇게 인간의 아기는 조숙하면서도 미숙합니다. 이는 아주 교묘하게, 마치 인간을 위해 이루어진 조합 같은 느낌을 줍니다.

인간의 아기는 미숙하게 태어나지만 몸집은 큽니다. 침팬지의 새끼는 성체 몸집의 3퍼센트인 데 비해 인간의 아기는 어른 몸집의 6퍼센트입니다. 그런데 인간 아기의 머리는 어른 머리의 30퍼센트가 채 안 되는 반면, 침팬지 새끼의 머리는 성체 머리의 40퍼센트입니다. 침팬지 새끼는 태어나서 두

배 반이 크면 성체 크기가 되지만 인간의 아기는 태어나서 세 배 반을 커야 어른 크기가 되는 거예요. 그러니까 인간의 태아는 다 커서 스스로 자라날 수 있을 때 엄마 배 속에서 나가는 것이 아니라, 골반을 빠져나갈 수 있는 크기가 될 때까지 최대한 버티다가 태어나는 것이죠.

아주 유명한 그림이 있습니다. 1960년 독일의 인류학자 아돌프 슐츠 Adolph Schultz의 책 『영장류의 삶 The Life of Primates 』에 등장하는 이 그림은 분만 시 태아가 모체 밖으로 나올 때 지

인간과 유인원의 산도와 태아의 머리 크기를 비교한 아돌프 슐츠의 자료를 재현한 그림

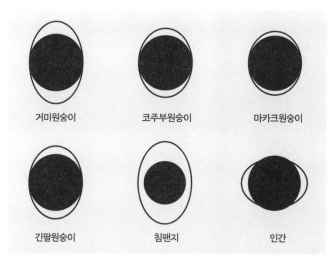

거미원숭이   코주부원숭이   마카크원숭이

긴팔원숭이   침팬지   인간

나는 길인 산도와 태어나는 아기(또는 새끼)의 머리 크기를 비교하고 있습니다. 원숭이의 태아는 머리가 산도에 딱 맞아서 빠져나가기가 쉽지는 않지만 그렇다고 끔찍하게 힘들지도 않습니다. 유인원인 긴팔원숭이나 침팬지는 태아의 머리가 산도에 비해 작은 편이라 여유 있게 태어날 수 있습니다. 그런데 인간은 태아의 머리가 산도보다 더 큽니다. 그래서 아기를 낳을 때 엄마의 몸에는 릴랙신 호르몬이 분비되면서 모든 관절이 물러지고 벌어집니다. 태어나는 아기도 힘들고 내보내는 엄마도 힘들 수밖에 없죠.

**천천히 자라고
천천히 늙고**

원숭이의 새끼는 태어나기 위해 산도로 들어갈 때 얼굴이 어미의 몸 앞쪽을 향합니다. 그리고 그 방향 그대로 태어납니다. 쪼그린 상태의 어미 원숭이는 새끼가 산도를 빠져나오도록 돕고, 태어난 새끼는 바로 어미의 품에 안길 수 있어요. 인간의 아기도 원숭이와 마찬가지로 엄마의 얼굴 쪽을 향한 상태로 산도에 들어가기 시작합니다. 그런데 양옆으로 큰 어깨가 끼이면서 몸을 한 번 비틉니다. 어깨가 빠져나간 뒤, 또다시 좁아지는 산도의 모양에 맞춰 몸을 한 번 더 비틀어야 빠져나올 수 있습니다. 그러면 처음과 달리 엄마의 뒤쪽을 향한 상태로 태어나게 됩니다. 원숭이처럼 엄마가 아기를 잡아서 안을 수가 없어요. 반드시 다른 사람이 아기를 받아 줘야 합니다.

유인원 암컷은 새끼를 낳아야 할 순간이 되면 조용한 곳으로 가서 홀로 출산하는 반면, 인간 여자는 산통을 느낄 때 믿고 의지할 사람을 찾습니다. 다른 동물은 새끼를 낳을 때 홀로 있지 않으면 불안해합니다. 인간은 아이를 낳을 때 홀로 있으면 불안해하죠. 스트레스를 받아서 진통이 멈추기도 합니다. 다른 사람의 도움이 필요하기 때문입니다. 여자가 산통을 느낄 때 누군가를 찾는 것은 진화의 결과입니다. 그리고 다른 사람의 도움이 있어야만 태어날 수 있는 인간은 필연적으로 사회적 동물인 셈입니다.

그렇다면 언제부터 이 두 번 비틀기 출산이 시작되었을까요? 이론적으로는 인간의 두뇌가 본격적으로 커진 200만 년 전부터 시작되었다는 가설을 세워 볼 수 있습니다. 이 사실을 알려 준 것은 호모 에렉투스 여자의 골반 화석이었습니다. 약

200만 년 전부터 나타났다고 추정되는 호모 에렉투스 여자의 골반을 연구한 결과, 현생 인류 여자의 산도 폭과 앞뒤 좌우가 비슷했다는 사실을 알 수 있었습니다. 반면에 385만 년 전부터 나타났다고 추정되는 오스트랄로피테쿠스 아파렌시스는 현생 인류보다 골반이 작고 납작했습니다. 산도의 앞뒤 폭이 좁았죠. 이처럼 산도의 폭을 고려하면 머리가 큰 아기는 호모 에렉투스 때부터 태어났을 가능성이 크다고 볼 수 있습니다.

그렇게 태어난 인간의 아기는 빠르게 성장합니다. 태어난 뒤 두 달 정도는 마치 아직 아기집에 있듯이 부지런히 자랍니다. 그리고 키우는 사람들의 진을 뺍니다. 인간의 아기는 혼자 둘 수 없습니다. 일단 엄마 젖이 묽어서 한두 시간마다 젖을 먹여야 합니다. 또 누워 있을 때를 빼고는 계속 안고 있어야 합니다. 근력이라고는 전혀 없는 탓에 몸이 마치 밀가루 반죽처럼 늘어지거든요. 침팬지나 다른 유인원의 새끼는 악력이 있어서 어미 털을 붙잡고 매달릴 수 있습니다. 인간의 아기는 그렇게 못하죠. 악력이 없을 뿐 아니라 엄마 몸에 붙잡고 매달릴 만한 털도 없습니다. 계속 안아 줘야 하기 때문에 엄마뿐만 아니라 온 공동체가 돌아가면서 아기를 함께 돌

봐야 합니다. 집안에서 한두 명만이 아이를 돌보는 것은 진화적으로 말이 되지 않아요. 아이가 태어나는 데 제삼자와 공동체의 도움이 필요하듯이 아이를 키우는 일 역시 공동체가 나서서 같이 해야 합니다.

아기는 첫 1년 동안 자라면서 사회를 배웁니다. 다른 사람의 얼굴을 보면서 표정을 살피고 마음을 읽는 연습을 하죠. 인간은 큰 두뇌뿐만 아니라 큰 몸집을 가지고 있습니다. 코끼리나 고래 같은 동물에 비하면 작아 보이지만, 인간은 포유류 중에서 꽤 큰 편에 속합니다. 큰 두뇌와 큰 몸집을 만들려면 오랜 시간이 걸립니다. 세포를 만들어야 하니까요. 세포를 만들고 유지하고 굴리는 데는 많은 에너지가 들어갑니다.

침팬지는 13년이면 성체가 됩니다. 인간은 어른이 되기까지 그보다 오랜 시간이 듭니다. 신체적으로는 성장이 끝나는 시점인 사랑니가 나기까지 18년이 걸립니다. 하지만 몸이 다 자랐다고 어른이 되는 것은 아니죠. 경제적 자립까지 하려면 더 오랜 시간이 걸립니다. 30년이 걸릴 수도 있고요. 이처럼 오래 걸리는 생애를 빨리빨리 진행하려면 그만큼 많은 에너지를 단기간에 폭발적으로 쏟아야 합니다. 그런데 그 정도로 엄청난 에너지가 우리에게는 없어요. 우리의 큰 몸집을 굴리면서 살아가기 위한 에너지를 만들기에도 벅찹니다.

그리고 한 번에 많은 양의 에너지를 들인다고 해서 빠르게 성장한다고 확신할 수도 없습니다. 20분을 구워야 완성되는 빵은 온도를 두 배로 올린다고 10분 만에 만들어지지 않습니다. 새카맣게 탈 뿐이죠. 한꺼번에 많은 에너지를 써도 필요한 시간이 줄어들지는 않습니다. 기본적으로 들여야 하는 시간이 있는 거예요. 어떤 일이나 기술을 제대로 익히려면 1만 시간을 들여야 한다는 말도 있죠. 사람이 살아가면서 수많은 관계를 맺고, 여러 가지 정보를 익히는 데도 필연적으로 시간이 필요합니다. 그렇게 인간의 성장은 느려지고 생애는 늘어났습니다.

인간다움의 두 번째 조건, 슬로 라이프

천천히 자라는 일은 위험합니다. 빠르게 자라서 빠르게 독립하고 빠르게 재생산하는 편이 훨씬 더 효율적입니다. 진화적으로 봤을 때 인간의 느려진 성장기는 매우 불리한 전략입니다. 다음 세대에 유전자를 남기기 전에 죽을 수도 있으니까요. 그런데도 인간의 성장이 느려지면서 생애가 늘어난 데에는 뭔가 유익이 있기 때문이겠죠. 이토록 큰 위험을 감수한 만큼 인간은 무엇을 얻었을까요?

바로 사회적 이익입니다. 인간의 사회적 관계는 굉장히 특이합니다. 대부분 사회적 동물은 혈연과 관계를 맺습니다. 그런데 우리 인간은 혈연보다는 피 한 방울 섞이지 않은 사람들과 훨씬 더 많은 관계를 맺습니다. 다양한 사람과 관계를 만들어 가는 것이 인간의 특이한 사회성입니다. 많은 사람과 관계를 맺으려면 오랜 시간을 통해 서로를 배우고 이해해야 합니다. 다양한 사회적 반응과 문제 해결 방식을 연습해 보는 과정도 필요합니다. 사회적 학습은 어른으로 성장하는 과정에서 시간이 걸리더라도 반드시 차근차근 해 나가야 하는 것입니다.

그렇다면 이렇게 천천히 자라서 천천히 늙는 인간의 생애사는 큰 두뇌를 가지고 두 번 뒤틀면서 간신히 태어나는 호모 에렉투스 때부터 시작되었을까요? 화석을 자료로 생애사를 연구하기는 어렵습니다. 성장이 끝나지 않은 어린이와 청소년은 죽은 나이를 가늠할 수 있지만, 성장이 끝난 다음에 죽은 어른은 뼈만으로 몇 살에 죽었는지 알기 어렵기 때문입니다. 저는 새로운 방식의 연구를 통해 길어진 인간의 생애사는 호모 에렉투스 때가 아니라 호모 사피엔스 때부터 시작되었다는 사실을 발견했습니다. 고인류 화석의 치아가 닳은 정도를 기준으로 젊은 어른과 늙은 어른으로 나눴습니다. 젊은 어른 나이의 두 배가 되는 시점을 늙은 어른이라고 계산한 거예요. 젊은 어른이 18세라면 늙은 어른은 그 두 배가 되는 36세부터인 것이죠. 이론적으로 볼 때 젊은 어른은 출산할 수 있고, 늙은 어른은 할머니나 할아버지가 될 수 있는 나이입니다. 이러한 방법으로 연구한 결과, 오스트랄로피테쿠스, 호모 에렉투스, 네안데르탈인 순서로 노년층의 비율이 증가했다는

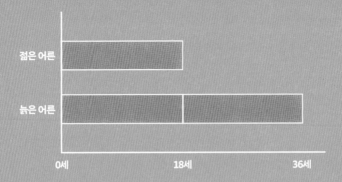

젊은 어른

늙은 어른

0세   18세   36세

젊은 어른과 늙은 어른의 나이 기준

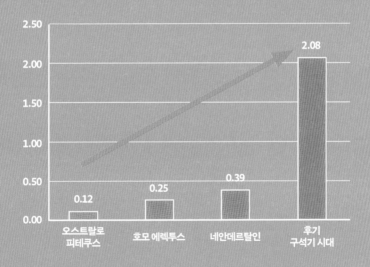

2.50

2.00   2.08

1.50

1.00

0.50   0.39

0.12   0.25

0.00

오스트랄로   호모 에렉투스   네안데르탈인   후기
피테쿠스   구석기 시대

고인류별 노년 비율 증가 추세

사실을 알 수 있었습니다.

그런데 여기서 주목해야 할 점은 후기 구석기인 3만 년 전에 노년층이 폭발적으로 증가했다는 사실입니다. 후기 구석기는 벽화와 무덤이 만들어지고 부장품 풍습이 생기는 등 이전 인류와는 질적으로 다른 문화가 나타난 시기였어요. 노년층 비율이 증가하고 여러 세대가 공존하면서 더 많은 정보를 공유할 수 있게 된 결과일 것입니다.

정보 처리 능력은 빙하기*의 예측할 수 없는 환경을 살아가는 인류에게 가장 중요한 적응 도구였습니다. 인간은 두 발 걷기에 최적화된 좁은 골반을 통해 큰 머리를 가지고 조금 덜 자란 상태로 태어나 사회 속에서 계속 성장해 나갔습니다. 그 결과, 느리게 자라고 느리게 늙게 되었습니다. 느린 삶, 슬로 라이프는 또 다른 인간의 특징입니다.

● 빙하기는 지구 역사상 중위도 지역까지 빙하가 확장돼 특히 한랭한 기후가 이어지던 시기로, 그사이에 온난한 시기가 두세 번 있었다.

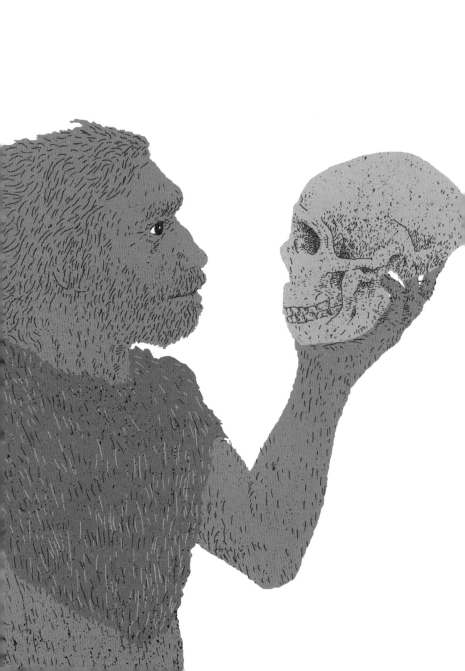

3장

인간다운 뇌의 기원

소화 기관을 대가로 치른 선택

인간다움의 세 번째 조건,
큰 두뇌

인간을 부르는 학명인 '호모 사피엔스'는 지혜로운 사람, 슬기로운 사람이란 뜻입니다. 스스로를 가리키는 이름에 지혜와 슬기라는 의미를 담을 만큼 똑똑함은 우리가 가장 자랑스럽게 여기는 인간의 특징입니다. 단순히 생각할 때 우리 몸에서 지혜와 슬기를 관장하는 부위는 '두뇌'입니다. 똑똑한 정도가 두뇌의 세포 수에 비례한다면, 인간의 두뇌는 많은 세포를 가지고 있어야 합니다. 세포 수가 많다는 것은 곧 두뇌가 크다는 의미이니, 큰 두뇌는 명실상부한 인간의 특징이 되죠.

인간의 두뇌는 큰 편이지만 지구상에 존재하는 종 중에서 가장 크지는 않습니다. 침팬지의 두뇌보다는 크고 고래나 코끼리의 두뇌보다는 작아요. 고래나 코끼리의 두뇌가 인간보다 몇 배나 더 크고 뇌세포 수도 더 많습니다. 그렇다고 고래나 코끼리가 인간보다 똑똑하다고 할 수는 없습니다.

대뇌 피질이 많으면 똑똑할까요? 하지만 인간은 대뇌 피질이 뛰어나게 많지도 않습니다. 인간의 두뇌는 크고 주름도 많고 작은 공간 안에 신경 세포가 꽉꽉 채워져 있지만, 다른 종의 두뇌보다 특출하게 더 크거나 주름이 많지는 않습니다. 그렇지만 인간의 두뇌가 최고라는 사실은 누구나 인정합니다. 과연 다른 동물들도 인정할지는 모르겠지만요. 인간은 상당히 유별나긴 합니다. 언어를 사용하고 문명을 이룰 수 있는 종은 인간이 유일하니까요. 두뇌 크기를 볼 때 인간의 인지 체계는 무엇과도 비교할 수 없이 특별합니다.

큰 머리는 어떻게 만들까요? 머리가 큰 아이를 낳으면 되겠죠. 그런데 갓난아이는 그렇게 큰 머리를 가지고 있지 않습니다. 갓난아이의 머리는 어른 머리의 30퍼센트로, 3분의 1이 채 안 됩니다. 갓 태어난 아기는 머리 크기가 세 배 반 정도 자라야 어른이 됩니다. 그런데 태어날 때 머리 크기의 두

고래의 두뇌는 인간보다 몇 배나 더 크지만 그렇다고 해서 고래가 인간보다 똑똑하다고 할 수는 없다.

배가 되는 시점이 돌 때입니다. 1년 동안 머리가 무려 두 배나 크는 거예요. 12~13세 즈음이면 머리가 다 자랍니다. 생후 10년 동안 두뇌 크기가 완성되는 것이죠. 두뇌 크기가 다 자랐다고 해서 두뇌 전체가 완성된 것은 아닙니다. 어쩌면 그때부터가 진짜 시작일지도 모릅니다. 20년, 30년, 40년 동안 수백억~수천억 개의 두뇌 세포가 서로 연결되면서 지혜를 차곡차곡 쌓아 갑니다. 인간의 두뇌는 평생 프로젝트라고 볼 수 있습니다.

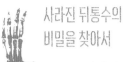

사라진 뒤통수의 비밀을 찾아서

이렇게 인간답게 큰 두뇌는 언제 어떻게 인류의 진화사에 등장했을까요? 인간다운 뇌의 기원을 알아내면 인간다움의 기원을 찾을 수 있겠죠. 인간의 기원은 남아 있는 화석을 연구해 알아낼 수 있습니다. 그런데 두뇌는 화석으로 남아 있지 않습니다. 더 이상 존재하지 않는 두뇌를 어떻게 연구할 수 있을까요? 고인류학자들은 화석을 다양한 방식으로 조사하면서 두뇌에 관한 정보를 수집합니다.

사라진 두뇌가 담겨 있던 뼈는 머리뼈입니다. 머리뼈 속, 뇌가 들어 있던 공간의 용적을 재면 두뇌 용량을 대략 알 수 있습니다. 옛날에는 그 안에 곡물 씨앗이나 구슬을 채워서 부피를 쟀습니다. 오늘날에는 컴퓨터 단층 촬영ᄀ을 이용해서 두뇌 부피를 정확히 측정할 수 있지만 사실 그 정확도는 크게 중요하지 않습니다. 뼈 안에 두뇌만 빼곡히 들어차 있는 게 아니거든요. 두뇌를 움직이는 데 필요한 물도 있고 사이사이를 채우는 공기도 있습니다. 머리뼈의 용적이 곧 두뇌 용량은 아니라는 말이죠. 그래도 머리뼈 공간의 용적을 통해 실제 두뇌 용량에 상당히 가까운 근사치를 알 수는 있습니다.

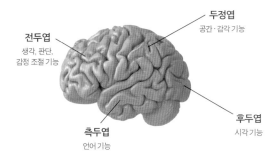

두정엽
공간·감각 기능

전두엽
생각, 판단,
감정 조절 기능

후두엽
시각 기능

측두엽
언어 기능

머리뼈가 남아 있지 않은 경우에는 머리뼈 크기와 가장 관련 깊은 부위를 이용해 용량을 추정합니다. 의외지만 눈구 멍의 크기가 머리뼈의 크기에 비례합니다. 눈구멍은 눈알이 박혀 있는 부위로, 한자로 '안⬚확'이라고 합니다.

두뇌를 이해하려면 두뇌 크기뿐 아니라 생김새도 연구해 야 합니다. 인간의 두뇌는 전두엽, 두정엽, 측두엽, 후두엽으 로 나뉘는데, 그중에서도 시각 신경을 뇌로 전달하는 후두엽 이 가장 작습니다. 고도의 지능과 연관된 전두엽, 감각 정보 를 처리하는 두정엽, 언어 기능을 담당하는 측두엽이 커지면 서 후두엽은 상대적으로 작아질 수밖에 없었던 것이죠. 이 역 시 인간 두뇌의 특징이라고 할 수 있습니다. 머리뼈에는 두뇌 크기뿐 아니라 생김새를 추정하는 데 필요한 정보도 담겨 있어요. 머리뼈 속의 모형을 떠서 두뇌가 어떠한 모양이었는지 알아볼 수 있습니다.

그래서 논란의 중심에 서게 된 부위가 반달 모양 뇌골입니다. 반달 모양 뇌골은 뇌 뒤쪽에서 후두엽의 위치를 알려주는 주름으로, 후두엽이 상대적으로 작아지자 점점 더 아래로 내려갔습니다. 1924년 남아프리카 공화국 노스웨스트주 타웅에서 발견된 타웅 아이는 대표적인 오스트랄로피테쿠스 아프리카누스 화석입니다. 고인류학계는 오랫동안 타웅 아이의 두뇌에서 반달 모양 뇌골이 어디 위치했는지를 두고 논쟁했습니다. 타웅 아이 화석을 처음 발견한 레이먼드 다트는 인류의 조상을 찾았다고 생각했습니다. 다트는 이에 관한 논문을 발표했지만 아무도 귀담아듣지 않았습니다. 그 당시 자바인, 베이징인, 필트다운인, 네안데르탈인, 크로마뇽인 등 유럽과 아시아에서 발견된 큰 머리의 고인류 화석들이 인류의 조상 자리를 두고 서로 경쟁하고 있었죠.

이렇게 쟁쟁한 후보가 많은데 아프리카에서 나온 조그만 두뇌의 화석이 인류의 조상일 리는 없다고 사람들은 생각했습니다. 다트는 두뇌 크기가 작은 타웅 아이로부터 두뇌 크기

외에 다른 인간다움을 찾아내려고 했습니다. 아래로 내려와 있는 반달 모양의 주름을 근거로, 타웅 아이가 작지만 인간다운 뇌를 가지고 있었다고 주장했죠. 타웅 아이에게 반달 모양의 뇌골이 있느냐 없느냐, 있다면 위쪽에 있느냐 아니면 현생 인류처럼 아래쪽에 있느냐 하는 문제는 큰 논란거리가 되었습니다. 그리고 그 논쟁은 오스트랄로피테쿠스 아프리카누스 전체의 문제로 확장되어 1990년대까지 이어지다가 잦아들었습니다. 사람들이 반달 모양 뇌골의 위치가 그다지 중요하지 않다는 사실, 그리고 화석을 본뜬 모형으로는 뇌 구조를 제대로 알 수 없다는 사실을 깨달았기 때문입니다.

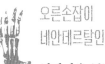

오른손잡이 네안데르탈인

인간다운 두뇌의 또 다른 특징은 좌우 비대칭입니다. 인간은 좌뇌와 우뇌가 서로 다릅니다. 좌뇌와 우뇌가 서로 다르면 마치 하드 디스크를 나누어 쓰듯이 한 두뇌로 두 가지 기능을 할 수 있습니다. 그 대신 한쪽이 손상을 입으면 복구가 힘들다는 약점이 있지만요(물론 뇌 손상 시 다른 한쪽이 손상

된 쪽을 커버한다는 연구가 계속 나오고 있긴 합니다). 뇌의 좌우 비대칭이 우리의 관심을 끄는 이유가 있습니다. 좌뇌에는 브로카 영역과 베르니케 영역이 있는데, 이들 영역은 언어를 처리하는 기능을 합니다. 다시 말해 좌우 비대칭이야말로 인간다운 뇌라는 말이죠.

그렇다면 고인류의 뇌가 좌우 비대칭이었는지 아니었는지는 어떻게 알 수 있을까요? 좌우 비대칭인 뇌는 반드시 몸의 좌우 중 한쪽을 더 자주 쓰게끔 만듭니다. 이 사실을 기발한 방법으로 알아낸 연구가 있습니다. 고인류 중 네안데르탈

인은 한 손으로 고기를 잡아 이로 물고, 다른 한 손으로는 칼을 들어 고기를 잘라 먹었을 것으로 추정합니다. 그러다 보면 칼날이 이에 닿기도 하고 상처를 내기도 했겠죠. 오른손잡이가 쓰는 칼날의 방향과 왼손잡이가 쓰는 칼날의 방향은 다릅니다. 미국의 고인류학자 데이비드 프레이어David Frayer는 앞니 표면에 난 상처의 방향이 오른손잡이와 왼손잡이에 따라 다르다는 사실에 착안해 네안데르탈인 화석의 앞니 표면에 남은 무수한 상처의 각도를 쟀습니다. 그랬더니 오른손잡이가 왼손잡이보다 9 대 1의 비율로 훨씬 더 많았습니다. 이 비율은 오늘날 현대인의 오른손잡이, 왼손잡이 비율과 같습니다. 네안데르탈인이 대부분 오른손잡이였다는 사실은 네안데르탈인도 우리처럼 언어를 사용했을 것이라는 흥미로운 추론을 가능하게 합니다.

200만 년 전 두뇌가 갑자기 커진 이유

두뇌의 다양한 특징 중에서 무엇보다 관심을 받은 것은 크기입니다. 인간다운 두뇌는 큰 두뇌라고 했지요. 고인류학자들은 두개골 부피나 눈구멍 크기 측정 등 다양한 방법으로 인간의 두뇌가 어떻게 커졌는지를 연구해 왔습니다.

침팬지의 두뇌 용량은 450시시이고, 오스트랄로피테쿠스 아파렌시스인 루시의 두뇌 용량은 400시시입니다. 500만~200만 년 전 사이에 인류의 두뇌 용량은 대략 400시시에서 600시시로 늘어납니다. 엄청나게 늘어나지는 않았죠. 호모 하빌리스Homo habilis의 두뇌 용량도 600시시 정도입니다. 그러다가 호모 에렉투스가 등장하면서 두뇌가 거의 두 배 가까이 커집니다. 400시시에서 900시시까지 늘어나는 데 300만 년이 걸렸습니다. 인간 갓난아이의 두뇌 용량은 400시시입니다. 갓난아이의 두뇌가 400시시에서 900시시까지 되는 데는 1년이 걸립니다. 그러니까 돌쟁이 아기의 두뇌에는 인류의 첫 300만 년이 담겨 있는 셈입니다.

네안데르탈인의 두뇌 용량은 1450시시로, 1400시시인 현생 인류의 두뇌보다 큽니다. 400시시에서 시작해 600시시, 900시시, 1400시시로 점차 늘어난 인류 두뇌 용량의 변화에는 중요한 정보가 숨어 있습니다. 500만 년 전에서 200만 년 전까지는 오스트랄로피테쿠스의 세상이었죠. 그리고 200만 년 전부터 지금까지는 호모의 세상입니다. 과거에는 호모속

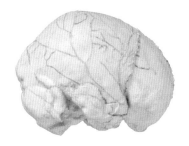

침팬지 두뇌(450cc)　　　　　호모 사피엔스 두뇌(1400cc)

만 두뇌 용량이 증가했다고 여겼습니다. 한편 오스트랄로피
테쿠스의 두뇌 용량은 400시시에 정체되었다고 생각했는
데, 많은 자료가 쌓이면서 오스트랄로피테쿠스속 역시 두
뇌 용량이 증가했다는 사실이 밝혀졌습니다. 오스트랄로피
테쿠스 아프리카누스의 두뇌 용량은 400시시로 침팬지와 크
게 다르지 않습니다. 그런데 오스트랄로피테쿠스 보이세이
Australopithecus boisei는 오스트랄로피테쿠스 아프리카누스보다
두뇌 용량이 좀 더 커집니다. 530시시로 많이 늘어난 것은 아
니지만 어느 정도의 변화는 보이죠. 즉, 두뇌 용량의 증가는
호모속뿐 아니라 모든 인류 계통에 나타나는 특징입니다.

　　그렇게 조금씩 늘어나던 두뇌 용량이 200만 년 전부터는 갑자기 눈에 띄게 증가합니다. 200만 년 전에 무슨 일이 있었을까요? 환경이 급속도로 악화했습니다. 유라시아에서는 빙하기가 본격적으로 시작되었고, 아프리카에서는 빙하기 대신 건조하고 습윤한 시기가 주기적으로 반복되었습니다. 생명체가 살기 힘든 환경이 된 거예요. 이러한 환경에서 인류는 움츠리지 않고 오히려 전 세계로 퍼져 나가기 시작합니다. 머리는 점점 더 커졌고요. 머리가 커진다는 것은 그만큼 더 많은 에너지가 필요하다는 의미입니다. 두뇌는 비싼 장기입니다. 일단 크잖아요. 1000억 개든 860억 개든 엄청난 수의 세포를 만들어 내고 유지하려면, 그리고 그 많은 세포를 연결하려면 어마어마한 에너지가 필요합니다.

그런데 에너지는 유한합니다. 자연계와 인류 진화 역사상 대부분의 시간 동안 에너지는 유한했습니다. 유한한 에너지를 구하려면 큰 노력을 들여야 했죠. 먹거리를 구하기 어렵고 살아남기 힘들어지는 환경 속에서 인류는 비싼 장기인 두뇌를 키운 것입니다. 그리고 두뇌만큼 비싼 장기가 소화 기관입니다. 음식을 먹고 몸 바깥으로 내보내기까지 수많은 단계를 관장하는 데에도 에너지가 넉넉하게 필요합니다. 그런데 두뇌와 장기 모두를 키울 수는 없어요. 하나는 포기해야 합니

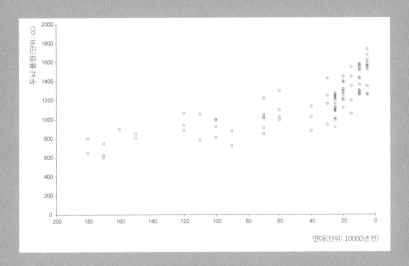

호모속의 진화를 살펴보면
두뇌 용량의 변화가 드러난다.

다. 그래서 200만 년 전 이후 눈에 띄게 증가하는 두뇌 용량은 사실상 소화 기관을 대가로 치른 선택의 결과라 할 수 있습니다.

에너지를 축적하려면 먹는 것이 중요한데도 불구하고, 소화 기관 대신 두뇌를 선택했다면 특별히 유익한 것이 있었겠죠. 무엇이 유익했을까요? 두뇌는 정보의 장기입니다. 많은 정보를 흡수하고 저장하고 사용하는 기능을 합니다. 주기적으로 바뀌는 기후는 특별한 대응을 요구해요. 계속 춥기만 한 환경에서는 추위에 적응하면 됩니다. 하지만 추위에 적응했던 몸도 따뜻한 간빙기가 오면 소용없습니다. 기후가 주기적으로 바뀌면 어떠한 환경에서도 유연하게 반응할 수 있는 순발력이 가장 중요해집니다. 척박한 빙하기 환경에서 살아남기 위해서는 환경에 관한 정보가 많을수록 유리했겠죠. 그리고 무엇보다 인간관계에 관한 정보가 중요했을 거예요. 어려운 환경에서 살아가려면 그만큼 인간관계가 더 중요해질 수밖에 없습니다. 관계가 확장되면서 기하급수적으로 늘어나는 정보량을 처리하고 저장하려면, 큰 두뇌를 쓸 수밖에 없었을 것입니다. 이것이 바로 사회적 두뇌 가설입니다. 두뇌 용량의 증가 역시 관계의 증가와 관련되어 있다고 보는 것이죠.

인간의 두뇌는 지금도 점점 커지고 있을까요? 오늘날 인간관계는 다양한 방식으로 늘어나고 있습니다. 온라인에서 교류하는 관계까지 합하면 셀 수 없을 정도죠. 그래서 미래 인류는 머리가 점점 더 커지고 목 아래는 빈약해져서 우리가 흔히 상상하는 외계인의 모습일 것으로 전망하기도 합니다. 하지만 1만 년 이전부터 인간의 머리는 점점 작아지고 있다는 연구도 있어요. 저 역시 인류의 두뇌는 점점 작아질 것으로 생각합니다. 두뇌는 정보의 보고인데, 우리는 언제부터인가 정보를 컴퓨터, 문자 기록 등 몸 바깥의 다른 도구를 이용해서 저장하고 처리하기 시작했어요. 그렇게 아웃소싱되는 정보의 양이 늘어나다 보면 우리 두뇌는 작아질 수밖에 없지 않을까요? 2만 년 후에 제 생각이 맞아떨어지는지 지켜봐 주세요.

4장

뭐든지 먹기

석기 시대, 다이어트란 없다

송곳니와 앞니,
어금니의 변화

인류는 700만~500만 년 전 지구상에 나타나기 시작했습니다. 공통 조상으로부터 인류와 침팬지 계통이 나뉘어 갈라졌습니다. 대부분의 고인류 화석은 동아프리카와 남아프리카의 숲 언저리에서 주로 발견되었어요. 아마도 침팬지 계통은 서아프리카 숲에서 살았고, 인류 계통은 숲 언저리나 바깥에서 살았을 것으로 추정합니다. 서로 영역을 나눠 가졌을 가능성이 있는 것이죠. '아마도'라고 추정할 수밖에 없는 이유는 침팬지는 화석이 없기 때문입니다. 숲에 사는 동물이 죽으면 그 뼈는 화석이 되지 않고 대부분 자연으로 돌아갑니다.

고인류는 숲 바깥으로 나와 건조한 지대에서 살았기 때문에 화석으로 남을 확률이 비교적 높았습니다. 어디에서 살았든 화석으로 남는 일은 극히 드물지만요.

아프리카에서 시작해 전 세계로 뻗어 나간 인류의 진화 역사 중 대부분 시간은 구석기 시대로 불립니다. 하지만 막상 석기가 발견되기 시작한 때는 300만~200만 년 전입니다. 돌로 만든 석기가 최초의 도구는 아니었을 것입니다. 나뭇가지나 나뭇잎, 뿌리로 만든 도구는 시간이 흐르면 썩고 사라져 화석으로 남지 않습니다. 동물의 뼈나 이빨도 마찬가지로 도구로 쓰였을 수 있지만 사용했던 흔적이 남지 않았을 가능성이 큽니다. 그래서 우리는 석기를 중심으로 생각할 수밖에 없죠.

돌로 만든 도구가 나타나기 이전의 인류는 대부분 오스트랄로피테쿠스속에 속합니다. 당시 인류의 두뇌 용량은 약 400~450시시로 침팬지와 비슷합니다. 몸집이나 이도 침팬지와 비슷하고요(두 발 걷기를 한 점이 침팬지와 확연하게 다르다는 사실은 1장에서 이야기했습니다). 그런데 자세히 들여다보면 오스트랄로피테쿠스와 침팬지는 중요한 한 가지가 다릅니다. 침팬지는 앞니와 송곳니가 크고 어금니는 크지 않은 데 비해

Africa

고인류 화석이 발견된 곳

고인류 화석은 주로
동아프리카와 남아프리카의
숲 언저리에서 발견되었다.

오스트랄로피테쿠스 아파렌시스는 앞니와 송곳니가 작고 어금니는 큰 편입니다. 아파렌시스 이후로 남아프리카와 동아프리카 전역에서 다양하게 나타난 오스트랄로피테쿠스 화석은 앞니와 송곳니가 점점 작아지고 어금니는 점점 커집니다. 이들을 오스트랄로피테쿠스속이 아니라 새로운 속인 파란트로푸스Paranthropus속으로 분류하자는 학자들도 많습니다.

채식에서 육식으로

1959년 동아프리카 탄자니아의 올두바이 협곡에서 발견된 오스트랄로피테쿠스/파란트로푸스 보이세이 Australopithecus/Paranthropus boisei●는 엄청나게 큰 어금니를 가지고 있습니다. 어금니가 침팬지보다는 당연히 크고, 거의 고릴라에 버금갑니다. 그리고 턱뼈가 깊습니다. 머리 꼭대기에는 앞뒤로 뾰족한 능선이 산맥처럼 이어져 있고요. 시상 능선sagittal

● 파란트로푸스속은 270만~120만 년 전까지 살았던 것으로 알려져 있다. 파란트로푸스를 오스트랄로피테쿠스와 같은 속으로 보는 학자들과 서로 다른 집단으로 구분하는 학자들 사이에 논쟁이 있었다.

crest이라는 부위로 현대인에게서는 찾아볼 수 없습니다. 시상 능선에는 저작근이 와서 붙는데, 시상 능선이 높을수록 저작근이 붙을 수 있는 영역이 넓어집니다. 그만큼 저작근이 커지죠. 고릴라의 시상 능선도 높습니다. 씹는 근육인 저작근은 머리 옆에서 턱까지 연결되어 수축하면서 이를 다물 수 있게 합니다.

어금니와 다르게 인류의 앞니와 송곳니는 점점 작아졌습니다. 오스트랄로피테쿠스 아프리카누스의 앞니와 송곳니에 비해 오스트랄로피테쿠스/파란트로푸스 보이세이의 앞니와 송곳니는 아주 작습니다. 대신 턱뼈는 깊어지고 두개골의 저작근 부위는 커졌습니다. 막강한 저작근과 큰 어금니가 있어서 '호두 까는 사람'이라는 별명으로 불리기까지 하죠. 그렇다 보니 오스트랄로피테쿠스/파란트로푸스 보이세이가 고릴라만큼 대식가였으리라고 생각하기 쉽습니다. 그런데 그들의 몸집은 침팬지 정도밖에 되지 않습니다. 얼마나 영양가 없는 것을 먹었기에 고릴라만큼 먹어 댔는데도 겨우 침팬지만한 몸집이었을까요?

오스트랄로피테쿠스/파란트로푸스속에 속한 고인류는 주로 식물성 음식을 먹었습니다. 과거 인류가 무엇을 먹었는

오스트랄로피테쿠스 아프리카누스
Australopithecus africanus Selam

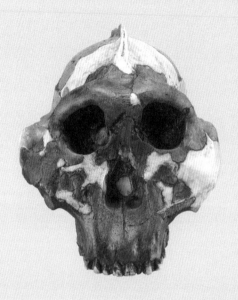

오스트랄로피테쿠스 / 파란트로푸스 보이세이
Australopithecus/Paranthropus boisei OH5 Zinjanthropus

지 알아보는 방법으로 동위 원소 분석법이 있습니다. 동위 원소란 같은 원자인데 질량이 다른 원소예요. 예를 들어 12개 중성자를 가진 탄소에는 13개 또는 14개의 중성자를 가진 탄소 동위 원소가 있습니다. 화석의 탄소나 질소 동위 원소를 분석하면, 생존 시에 어떤 식물 또는 동물성 단백질을 섭취했는지 알 수 있습니다. 탄소 동위 원소 분석에 따르면, 동아프리카에 살던 오스트랄로피테쿠스/파란트로푸스 보이세이는 주로 풀 종류를 먹었습니다. 그리고 남아프리카에 살던 오스트랄로피테쿠스는 나무껍질이 주식이었습니다. 같은 채식이지만 좀 다르죠.

450만 년 전부터 150만 년 전까지 오스트랄로피테쿠스속은 두뇌가 점점 커집니다. 두뇌를 키우려면 동물성 단백질과 지방 위주의 먹거리를 섭취해야 합니다. 주로 풀 종류를 먹었던 오스트랄로피테쿠스는 어떻게 동물성 단백질을 구했을까요? 오스트랄로피테쿠스 아프리카누스가 남아프리카에 살던 당시, 동아프리카에 살고 있었던 오스트랄로피테쿠스 가르히Australopithecus garhi 화석이 발견되었습니다. 250만 년 전의 이 화석은 1999년도에 발견되었는데, 같은 지점에 묻힌 동물 뼈에 돌로 만든 칼날 자국이 나 있었습니다. 도구로 동물 뼈를

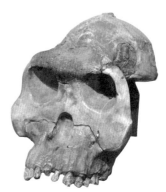

도구의 흔적과 함께 발견된
오스트랄로피테쿠스 가르히

건드린 흔적이었죠. 하지만 흔적을 남긴 도구는 발견되지 않았습니다.

인간다움의 네 번째 조건, 도구 사용

우리는 인간이 언제부터 도구를 만들었는지에 관심을 기울여 왔습니다. 그래서 250만 년 전 오스트랄로피테쿠스 가르히에게서 도구의 흔적이 발견됐다는 사실에 조금 의아했습니다. 그 전까지 우리는 호모 하빌리스가 도구를 만들었다고 생각했거든요. 그것이 정설이었습니다. 오스트랄로피테쿠스가 저작근에 특화되어 가던 250만~200만 년 전에 새로운 호모 계통이 등장하는데, 이 인류를 호모 하빌리스라고 부릅니다. '손을 쓰는 인간', 그러니까 '도구를 만드는 인간'이라는 뜻이에요.

호모 하빌리스는 1964년 동아프리카 탄자니아의 올두바이 협곡에서 영국의 인류학자 메리 리키Mary Leakey와 루이스 리키Louis Leakey가 처음 발견했습니다. 리키 부부는 호모 하빌리스가 진정한 인간의 모습이라고 생각했습니다. 사실 호모 하빌리스는 처음에 손뼈만 발견되었어요. 손뼈만 보고 '도구를 만드는 인간'이라는 이름을 붙인 것이죠.

그 뒤 호모 하빌리스의 두개골을 발견하기까지는 시간이 꽤 걸렸는데 이때 문제가 생깁니다. 호모 하빌리스의 두개골이 어떻게 생겼는지 몰랐던 탓에 오스트랄로피테쿠스가 아닌 화석이 발굴될 때마다 모두 호모 하빌리스로 분류한 거예요. 그러다가 20~30년 뒤에 확인했더니 호모 하빌리스라고 이름 붙은 두개골이 너무 다양했죠. 그래서 어떤 학자는 이 인류를 호모 하빌리스와 호모 루돌펜시스Homo rudolfensis로 나누자고 제안했습니다. 하지만 그것이 의미 있는 작업인지에 관해서는 생각해 볼 필요가 있습니다. 화석종에 어떤 이름을 붙이는지보다 당시 그들이 어떻게 살았는지 알아내는 일이 더 중요하거든요. 시간이 지나 발견된 진짜 호모 하빌리스의 두개골은 저작근과 이가 작았고 두뇌는 컸습니다.

호모 하빌리스가 어디에서 왔는지는 여전히 논쟁 중입니다. 호모 하빌리스의 기원에 관한 논쟁은 달리 말하면 호모 하빌리스와 가장 가까운 조상 계통에 관한 논쟁입니다. 호모 하빌리스의 기원은 곧 호모속의 기원으로 연결되기 때문에 이는 매우 중요한 주제입니다. 동아프리카에서 주로 발견되는 호모 하빌리스와 가장 가까운 조상을 남아프리카의 오스트랄로피테쿠스 아프리카누스라고 보기에는 서로 살았던 거리가 너무 멀리 떨어졌고, 오스트랄로피테쿠스 아파렌시스라고 보기에는 살던 시기가 100만 년이나 차이 납니다. 그렇다고 오스트랄로피테쿠스 가르히를 조상이라고 보기에는 동시대에 살았던 것으로 추정되므로 무리가 있습니다.

호모 하빌리스가 등장했던 250만 년 전에 일어난 일들을 다시 살펴볼까요? 막강한 저작근을 자랑하는 오스트랄로피테쿠스 계통은 계속되었습니다. 그리고 동물 뼈에 돌날 자국의 흔적도 보입니다. 두뇌 용량이 눈에 띄게 증가하기 시작하고 새로운 인류가 등장했습니다. 이 모든 일이 250만 년 전에

호모 하빌리스

Homo habilis KNM-ER 1813

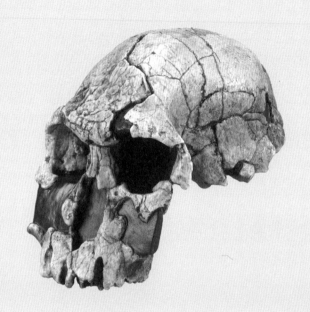

호모 루돌펜시스
Homo rudolfensis KNM-ER 1470

벌어졌어요.

　그리고 드디어 석기가 등장합니다. 인류학자들은 석기를 만들어 쓴 계통이 호모라고 생각했습니다. 호모는 도구를 사용하는 계통이니까요. 그런데 오스트랄로피테쿠스/파란트로푸스 보이세이와 함께 석기가 발견됩니다. 오스트랄로피테쿠스 가르히와 함께 발견된 동물 뼈에도 돌 자국, 칼날 자국 등이 남아 있었다고 했죠. 그렇다면 호모가 아닌 오스트랄로피테쿠스가 석기를 만들었을 가능성도 배제할 수 없는 거예요.

　석기를 누가 처음 만들어 썼는지는 쉽게 판단할 수 없습니다. 예를 들어 봅시다. 화석을 발굴했는데 칼이 나왔어요. 칼 옆에 돼지 뼈가 있어요. 그럼 '이 칼로 돼지를 잡아먹었겠구나.'라고 해석하겠죠. 이번에는 칼 옆에 인골이 있어요. '인골과 함께 묻은 부장품이구나.'라는 생각이 자연스레 떠오릅

돌 모서리 한쪽이 날카로운
찍개 모양의 올도완 석기

니다. 그런데 만약 칼 옆에 오스트랄로피테쿠스 화석이 있다면요? 오스트랄로피테쿠스가 칼을 도구로 사용한 것인지, 아니면 누군가가 오스트랄로피테쿠스에게 칼을 사용한 것인지 정확히 알 수 없습니다. 하지만 점점 커지는 두뇌와 마찬가지로 도구 사용 역시 인류 계통의 특징이라는 사실만큼은 분명합니다.

호모, 닥치는 대로 먹기

250만 년 전부터 빙하기가 시작됐습니다. 평균 기온이 3도 정도 내려가면서 추워지고 인류 계통이 살던 숲 언저리 지역이 점점 넓어졌습니다. 건조화가 진행된 것이죠. 추위를 버티기도 괴로운데 심지어 기온이 들쑥날쑥해졌습니다. 추운 날씨에 적응해서 살 만해지면 갑자기 더워졌죠. 또 더위에 적응해서 살 만해지면 다시 추워지고요. 그렇게 빙기와 간빙기가 주기적으로 바뀌는 빙하기가 이어졌습니다. 아프리카에는 빙하기가 없었지만 건조한 날씨와 비가 많이 내려 습윤한 날씨가 반복되었습니다. 기온의 변화는 단지 춥고 덥고의 문제가 아닙니다. 기온의 변화로 강우량도 바뀌고 계절성도 드러납니다. 강과 바다가 달라지고요. 달라진 환경은 동식물의 변화를 일으킵니다. 환경이 바뀌고 계절이 바뀌는 시대가 시작된 것입니다. 바뀐 세상에서 더는 한 가지 방법으로 살 수 없게 되었습니다. 특화보다는 변하는 환경에 빠르게 적응할 수 있는 유연성이 중요해졌죠.

고인류의 유연성을 보여 주는 흥미로운 자료가 있습니다. 호모속 치아의 탄소 동위 원소를 분석한 결과, 호모 계통이 그야말로 닥치는 대로 먹었던 흔적이 발견되었어요. 오스트랄로피테쿠스/파란트로푸스 보이세이는 주식으로 삼았던 풀 따위를 고릴라만큼 많이 먹을 수 있도록 저작근과 치아가 최적화되었습니다. 그렇지만 그 틈으로 들어갈 수 없었던 호모는 뭐든 닥치는 대로 먹으면서 유연성을 길러야 했죠. 풀 종류를 주로 먹는 종은 일단 오래 씹어야 했고, 소화 기능을 하는 장기가 특화되어야 했습니다. 포유류는 풀을 소화할 수 있는 효소를 가지고 있지 않습니다. 채식하는 초식 동물은 특별한 소화 기능을 갖추어야 하죠. 예를 들어 장이 보유한 다양한 박테리아에 의존해서 풀을 소화하거나 토해서 다시 먹는 되새김질을 하기도 합니다. 식물성 먹이를 먹으려면 비싼

호모속 치아의 탄소 동위 원소를 분석한 결과, 이들이 닥치는 대로 먹었던 흔적이 발견되었다.

소화 장기가 필요한 것입니다.

　반면에 동물성 먹이를 먹으려면 움직이는 동물을 잡아야 하죠. 사냥감이 언제 어디서 어떻게 나타나는지, 그들이 남긴 흔적을 보고 움직임을 쫓아야 합니다. 특히 상위 포식자가 먹고 남긴 찌꺼기를 노리는 동물이라면 타이밍을 잘 맞춰 움직여야 해요. 예를 들어 까마귀는 사자가 사냥한 먹이를 먹고 떠난 뒤 하이에나 떼가 달려들기 전에 얼른 찌꺼기를 먹고 빠져나와야 하겠죠. 그러려면 특화된 정보를 다루는 장기, 두뇌가 발달해야 합니다. 인류는 손을 이용해서 도구를 만들었습니다. 역시 특화된 두뇌가 필요한 일이었어요.

　비싼 소화 장기와 비싼 두뇌 장기를 모두 가질 수는 없었습니다. 숲을 차지한 침팬지와의 경쟁을 피한 인류 중 오스트랄로피테쿠스는 저작근을 선택했습니다. 500만~150만 년 전까지, 약 350만 년 동안 석기를 이용하면서 저작근과 두뇌를 발달시켰죠. 어금니가 계속 커지고 저작근이 붙는 위치가 점점 늘어났어도 몸집은 변함없었습니다. 몸집이 큰 개체와 몸집이 작은 개체가 있었지만 대체로 현대의 여섯 살 아이 몸집과 같이 1미터 정도였습니다.

그리고 호모 하빌리스라는 새로운 계통이 등장합니다. 오스트랄로피테쿠스와 마찬가지로 숲 언저리에 적응해야 했던 호모 하빌리스도 석기를 만들어 썼습니다. 이 인류 계통도 몸집이 큰 개체와 몸집이 작은 개체가 있었습니다. 큰 개체라고 해 봐야 몸집이 1미터를 넘지 않았고요. 작은 개체는 호모 루돌펜시스라고 불리기도 하는데 성별은 알 수 없습니다. 오스트랄로피테쿠스와 마찬가지로 두뇌가 커지는 데 반해 저작근은 줄어들었습니다.

오스트랄로피테쿠스가 실패한 계통이라고 생각하는 사람들이 있습니다. 하지만 오스트랄로피테쿠스는 실패하지 않았습니다. 그들은 350만 년 동안이나 동아프리카와 남아프리카를 아우르며 숲 언저리에서 잘 살아남았습니다. 호모속은 겨우 200만 년을 살아오고 있습니다. 500만 년 전부터 300만 년 동안 환경에 적응해 오다가 200만 년 전부터 환경의 급격한 변화로 새롭게 적응하며 나타난 제2의 인류가 바로 호모속입니다. 이때부터 인류는 두뇌 용량을 늘리는 데 에너지를 집중하기 시작했습니다. 두뇌를 선택한 것입니다.

5장

돌, 땀, 관절

긴 다리 소년이 사는 법

관절로 알아보는 너의 몸무게

오스트랄로피테쿠스, 호모 하빌리스, 호모 에렉투스는 왕조가 바뀌듯이 차례차례 교체되며 살았을까요? 아뇨, 이 세 인류 계통은 같은 시대에 같은 아프리카 대륙에서 살기도 했습니다. 막강한 저작근을 가졌으며 주로 채식했던 오스트랄로피테쿠스/파란트로푸스 보이세이는 150만 년 전까지 살았습니다. 저작근은 작았지만 두뇌를 키웠고 석기로 뼈를 깨서 골수를 먹었던 호모 하빌리스도 같은 시대에 살았고요. 그들의 끝이 언제인지는 정확하지 않아요. 하지만 호모 하빌리스가 호모 에렉투스로 이어지지 않은 것만은 확실합니다.

호모 에렉투스는 호모 하빌리스와 동시대에 아프리카에 등장한 제3의 인류입니다. 이들은 저작근 따위는 신경 쓰지 않고 몸과 머리를 키웠습니다. 호모 에렉투스는 두뇌 용량을 제외하고는 현생 인류의 모습과 크게 다르지 않습니다. 호모 에렉투스의 두뇌 용량은 900시시로, 현생 인류 한 살짜리의 두뇌와 같습니다. 그렇다면 그들은 어떻게 몸을 키웠을까요? 그리고 큰 몸집은 그들에게 어떤 이득을 가져다줬을까요?

그보다 먼저, 우리는 화석을 통해 어떻게 고인류의 몸집

을 알아낼 수 있는지 알아보죠. 머리끝에서 발끝까지 뼈가 모두 남았다면 간단하겠지만, 뼈가 온전히 남은 고인류 화석은 없습니다. 놀라울 만큼 많이 남았다는 루시 <small>오스트랄로피테쿠스 아파렌시스</small>의 뼈도 사실 전체 뼈의 30퍼센트뿐입니다. 얼마 남지 않은 화석의 뼛조각으로 몸집을 알아내려면, 그 안에서 정보를 찾아내야 합니다. 뼈 중 몸집을 추정하기 가장 쉬운 부분은 '관절'입니다. 관절, 특히 고관절이나 무릎 관절은 체중을 받치기 때문에 그 크기를 보면 체중과 몸집을 어느 정도 추정할 수 있습니다.

또는 골반과 무릎 사이에 뻗어 있는 넙다리뼈나 팔뼈 등으로 키를 알아볼 수도 있습니다. 사람들의 관절 크기, 넙다리뼈의 길이, 키 등을 측정한 뒤 변수들의 관계를 알아냅니다. 예를 들어 1000명의 넙다리뼈 길이와 키를 재면, 넙다리뼈의 길이와 키의 관계를 알 수 있습니다. 그러면 넙다리뼈만 가지고도 키를 추정할 수 있죠. 부분적으로 남은 인골에서 키를 추정하는 방법입니다.

이때 비교하는 집단과 분석하는 집단이 다르면 문제가 생깁니다. 21세기 한국인을 기준으로 세운 관절, 넙다리뼈, 키의 관계를 이용해서 200만 년 전 고인류 화석종의 넙다리뼈 길이를 통해 키를 추정해도 될까요? 화석종의 관절과 키의 관계가 21세기 한국인의 그것과 같다고 어떻게 확신할 수 있겠어요. 화석 연구는 이러한 한계를 먼저 인정하고 시작해야 합니다. 그리고 다른 비교 자료가 있다면 적극적으로 사용해야겠죠.

인간다움의 다섯 번째 조건, 긴 다리

호모 에렉투스의 몸집을 알아내는 데에는 '나리오코토메 소년Nariokotome Boy●'이라는 화석이 중요한 역할을 했습니다. 1984년 동아프리카 케냐에서 발견된 나리오코토메 소년은 160만 년 전에 살았던 호모 에렉투스 화석입니다. 첫 번째와 두 번째 어금니가 나왔지만 세 번째 어금니는 나오지 않았고, 성장판이 아직 닫히지 않은 것으로 보아 열한 살쯤 된 아이입니다. 그리고 성별 추정에 결정적인 증거를 제공하는 골

● 나리오코토메 소년 화석이 발견된 장소가 케냐의 투르카나 호수 동쪽으로 흐르는 나리오코토메강이었기 때문에 이 화석을 '투르카나 소년(Turkana Boy)'이라고도 부른다.

반뼈를 통해 남자아이라는 사실도 알아냈어요. 두뇌 용량은 900시시로, 첫 인류의 두뇌 크기보다 두 배 정도 큽니다. 나리오코토메 소년의 키는 약 150센티미터입니다. 아마 죽지 않고 더 성장했다면 180센티미터까지 컸을지도 모릅니다.

여태까지 이 정도로 큰 화석은 없었습니다. 약 1미터 사이를 왔다 갔다 하던 키에서 이제 180센티미터를 바라보는 인류가 등장한 거예요. 나리오코토메 소년의 팔뼈와 넙다리뼈를 보면 현생 인류와 거의 유사합니다. 성장한 화석 루시보다도 몸집이 훨씬 크죠.

그런데 루시와 나리오코토메 소년의 몸집을 비교하면 흥미로운 사실을 알 수 있습니다. 루시를 뻥튀기하듯 부풀린다고 해서 나리오코토메 소년이 되는 것이 아니에요. 둘은 몸통의 크기보다 다리 길이에서 크게 차이가 납니다. 나리오코토메 소년의 다리가 훨씬 더 길죠. 긴 다리는 어떤 쓸모가 있을까요?

길어진 다리의 중요성은 두 발 걷기에서 나타납니다. 인간의 두 발 걷기는 네 발 걷기나 나무 타기, 달리기보다 에너지 효율성이 높습니다. 인간은 네 발 걷기를 하는 동물처럼 허벅지와 엉덩이 근육의 폭발적인 움직임에 힘입어 앞으로

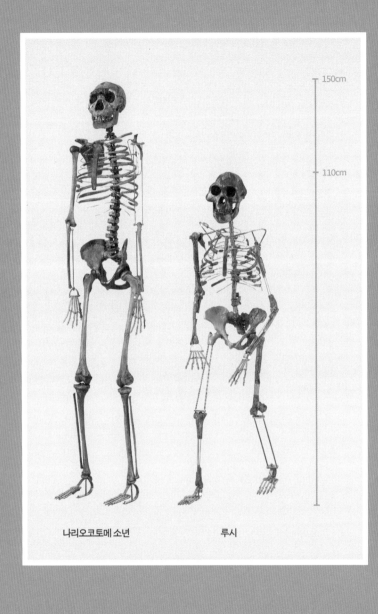

150cm

110cm

나리오코토메 소년   루시

나아가는 게 아니라 두 다리를 이용해 추 운동을 합니다. 관성 에너지를 이용해서 걸으면 몇 시간이고 걸을 수 있어요. 두 발 걷기는 에너지가 상대적으로 적게 드는 움직임입니다. 다리가 길면 같은 수의 걸음을 걷더라도 더 적은 에너지로 더 긴 거리를 이동할 수 있습니다.

호모 에렉투스는 움직이는 동물을 찾아다니는 계통이었습니다. 바로 이 시기부터 먹거리를 찾는 영역이 넓어졌죠. 호모 에렉투스의 발걸음은 이전 오스트랄로피테쿠스의 발걸음과는 조금 달랐을 것입니다. 동아프리카 케냐의 일러렛에서 발견된 150만 년 전 호모 에렉투스의 발자국 화석에서 그들이 인간처럼 오목발이었다는 사실이 밝혀졌어요. 오스트랄로피테쿠스 아파렌시스도 분명 두 발 걷기를 했습니다. 엄지발가락이 크고 다른 네 발가락과 같은 방향을 보고 있었습니다. 그렇지만 평발이었어요. 평발은 오랫동안 걷기 힘들죠.

호모 에렉투스가 인류 최초로 달리기 시작했다고 생각하는 사람들도 있습니다. 몸통이 크고 폐활량이 늘어나고 윗몸은 빈약한 데다 엉덩이 근육이 강해서 앞으로 쉽게 나아가는 추진력이 있었다는 것이죠. 게다가 아킬레스건과 오목한 발바닥이 충격을 흡수해 발을 니딜 때마다 탄성이 생겼을 테고

	침팬지	오스트랄로피테쿠스 아파렌시스	오스트랄로피테쿠스 가르히	호모 에렉투스	현생 인류
위팔뼈					
아래팔뼈					
넙다리뼈					

요. 그리고 달리면 몸이 더워집니다. 호모 에렉투스는 털 대신 땀으로 체온을 조절했을 거예요. 이 모든 것을 미루어 볼 때 호모 에렉투스가 실제로 달렸을 가능성이 큽니다.

여기에 더해 달팽이 기관으로 평형 감각을 유지하고 긴 다리로는 장거리를 이동할 수 있었겠죠. 또 물을 각 세포에 공급하는 아쿠아포린-7 유전자에 관한 연구도 나왔습니다. 다른 영장류에 비해 인간에게는 이 유전자가 다섯 배나 많습니다. 그만큼 인간은 오랜 세월에 걸쳐 걷기에 최적화된 몸을 가지게 된 것입니다.

호모 에렉투스,
털을 내주고 땀을 얻다

호모 에렉투스는 고인류 화석 중 우리에게 가장 익숙한 인간의 모습입니다. 두뇌 용량만 빼면 나머지는 현생 인류와 별로 다르지 않으니까요. 그들은 석기와 함께 발견되었습니다. 호모 에렉투스와 함께 발굴된 아슐리안 주먹 도끼는 많은 사람이 찬미하는 석기입니다. 고고학자들은 아슐리안 주먹 도끼가 그 전에 발견된 올도완 석기보다 훨씬 더 대칭적이고 아름답다고 말합니다.

여기서 중요한 것은 석기를 만드는 데 필요한 두뇌입니다. 석기는 만들다가 실수하면 돌이킬 수 없어요. 포기하고 처음부터 다시 만들어야 하죠. 그래서 석기를 만들 때는 원석에서 완성품이 되기까지의 수많은 단계를 머릿속에서 미리 그려 내야 합니다. 원석을 보면서 원석의 미래를 생각하는 거예요. 현재가 아닌 미래의 어느 시점을 상상하면서 말이에요. 그리고 그 지점을 향해서 나아가는 것이죠.

이처럼 호모 에렉투스는 인간다운 특징을 보이기 시작했습니다. 그렇지만 세상에 공짜란 없습니다. 커진 몸집에는 대가가 따랐습니다. 뭐든지 커지면 에너지가 더 필요합니다. 두뇌를 키울 때처럼 몸도 키우려면 더 많은 에너지가 들어가요. 그만큼 많은 세포를 만들고 유지하고 굴려야 합니다.

200만 년 전부터 아프리카는 이전보다 살기 힘들어졌습니다. 척박해지는 환경에서 인류는 더 많은 에너지를 구해야 했습니다. 몸이 커진 만큼 더 많은 물이 필요했을 거예요. 게다가 털 대신 땀으로 체온을 유지해야 했으니 물이 더 중요했습니다. 인류는 건조화가 진행되는 아프리카에서 물을 구하러 다녀야 했습니다. 습윤기와 건조기가 반복되면서 곳곳에 냇물이 임시로 생겼습니다. 이런 상황에서는 언제 어디서 물을 찾을 수 있다는 정보를 가지고 있어야 살아남을 수 있습니다. 게다가 목숨을 걸고 물을 마셔야 하는 횟수가 늘어납니다. 물가에는 항상 맹수들이 도사리고 있었을 테니까요. 그렇게 많은 대가를 치르고, 척박하고 예측하기 힘든 환경에서 인류는 더 많은 자원을 추출합니다. 환경에 관한 정보, 관계에 관한 정보가 늘어날수록 두뇌가 더욱 중요해졌습니다.

이러한 환경에서 몇백만 년을 살아남았으니, 호모 에렉투스는 성공한 인류입니다. 호모 에렉투스 화석 'ER 1808'은 170만 년 전 화석으로, 남은 골반의 생김새를 통해 여자라고 추정합니다. 173센티미터의 키에 몸무게는 약 50~60킬로그

아슐리안 주먹 도끼

석기를 사용하는 호모 에렉투스의 모습을 재현한 장면

램입니다. 튼튼한 어른이죠. 그런데 다리뼈에 염증의 흔적이 있습니다. 이를 확인한 의학자들은 비타민 A 과잉증이라고 소견을 냈습니다. 비타민 A 과잉증은 말 그대로 비타민 A를 너무 많이 섭취해 생기는 중독증인데, 간을 많이 먹으면 나타나는 질환이에요. 간은 쉽게 먹을 수 없는 특식입니다. 맹수가 사냥하면 가장 먼저 먹는 부위가 간 같은 장기인데, 그런 간을 많이 먹어서 죽었다니 놀라운 일이죠. 그 전까지는 그저 닥치는 대로 먹으며 절박하게 살아온 호모가 특식을 먹었으니까요.

긴 다리 인류는 사냥꾼

아프리카의 호모 에렉투스는 현재 아프리카에 사는 사람들과 몸집이 비슷합니다. 큰 키에 긴 다리를 가진 몸의 비율은 현재 적도 지역이나 더운 지역에서 오래 살아온 인간 집단의 몸 비율과 비슷합니다. 그래서 어떤 사람들은 아프리카의 호모 에렉투스에게 '호모 에르가스터Homo ergaster'라는 새로운 이름을 지어 주자고 제안하기도 합니다.

호모 에렉투스는 큰 몸과 큰 두뇌를 먹여 살릴 만한 에너지를 어디서 어떻게 구했을까요? 채식으로는 불가능합니다. 엄청난 양의 세포를 만들어 유지하고 굴리려면, 양질의 에너지인 동물성 지방과 단백질이 필요합니다. 그런데 그런 에너지를 구하는 건 쉬운 일이 아닙니다. 호모 에렉투스와 마찬가지로 동물의 지방과 단백질이 필요했던 호모 하빌리스는 시체 처리반이었으리라 추정합니다. 맹수들이 사냥한 먹이를 한 차례 먹고 떠나면 재빨리 가서 남은 걸 먹어 치우는 거죠. 살코기는 남지 않았을 테니 찍개 석기로 남은 뼈를 깨서 골수를 주로 먹었을 것입니다.

함께 발견된 아슐리안 주먹 도끼를 볼 때 호모 에렉투스는 동물을 사냥했을 가능성이 큽니다. 사냥은 쉬운 일이 아닙니다. 아무리 키가 180센티미터라 하더라도 맨몸으로 맹수를 상대할 수는 없으니까요. 두 발로 걸어 다니는 인류가 네 발로 달리는 맹수와 어떻게 경쟁하겠어요. 그런 인류가 사냥할 수 있었던 것은 틈새시장을 공략한 덕분입니다. 맹수들이 사냥하지 않는 시간을 노린 것이죠. 맹수는 무더운 낮을 피해 밤에 사냥합니다. 털로 덮인 포유류는 더우면 올라가는 체온을 처리하기 힘들어지니까요. 동물들이 더워서 움직이지 않고 낮잠에 빠져 있는 시간에는 사냥하기가 훨씬 수월했겠죠. 털 대신 땀이라는 새로운 체온 조절 능력으로 무장한 인류는 다른 동물들이 더워서 쉬고 있을 때 에너지 효율성이 지극히 높은 두 발 걷기로 사냥감을 쫓을 수 있었습니다.

이처럼 200만 년 전에 등장한 제3의 인류는 두뇌 용량도 크고 몸집도 컸습니다. 큰 머리와 큰 몸, 긴 다리로 인류의 지경이 넓어졌습니다. 그리고 인류는 이제 아프리카뿐 아니라 유럽과 아시아에서도 발견되기 시작합니다.

6장

아시아의 고인류

예상 밖의 글로벌 시나리오

유라시아에 나타난
새로운 고인류

500만 년 전 인류 계통이 등장한 이후 처음으로 아프리카가 아닌 다른 대륙에도 인류가 등장하기 시작했습니다. 유라시아 캅카스산맥 너머 조지아의 드마니시에서 고인류가 발견된 것입니다.

이 고인류는 어디에서 왔을까요? 그리고 아프리카에서 시작된 세 가지 적응 전략을 가진 계통 중 누구였을까요? 풀뿌리라면 뭐든지 먹을 수 있는 막강한 저작근의 소유자, 500시시 두뇌에 키 1미터의 오스트랄로피테쿠스/파란트로푸스 보이세이였을까요? 돌만 있으면 석기를 만들어 어떤 뼈라도 깨서 골수를 빼 먹을 수 있었던, 작은 저작근에 600시시의 두뇌, 키 1미터의 호모 하빌리스였을까요? 아니면 석기로 사냥해서 어디서든 고기를 먹을 수 있었던, 작은 저작근에 900시시의 두뇌, 키 180센티미터의 호모 에렉투스였을까요? 셋 중 다른 대륙으로 확산한 인류는 누구였을까요?

1990년대까지의 정설에 따르면, 아프리카에서 처음으로 다른 대륙으로 확산한 고인류는 큰 몸집의 호모 에렉투스였습니다. 180센티미터에 가까운 큰 키와 1000시시에 가까운 큰 머리, 아슐리안 주먹 도끼와 같은 멋진 석기로 동물을 언제든지 잡아먹을 수 있는 뛰어난 사냥 적응 전략의 소유자였던 호모 에렉투스가 다른 대륙으로 넘어갔다고 생각한 것입니다.

그런데 막상 발견된 글로벌 인류의 모습은 의외였습니다. 드마니시에서 발견된 고인류 화석은 최초로 아프리카 바깥에서 나타난 고인류입니다. 그런데 드마니시인의 두뇌 용량은 600~700시시로 호모 하빌리스 정도밖에 되지 않았습니다. 게다가 함께 발견된 석기는 살아 있는 동물을 뒤쫓아 잡는 사냥 도구가 아니라 다른 포식자가 이미 한 차례 먹고 남긴 사체의 뼈를 깨서 골수를 파먹는 찍개 종류였습니다. 그리고 팔뼈와 다리뼈로 추정한 키는 약 150~155센티미터밖에 되지 않았습니다.

멋진 시나리오를 떠올렸던 사람들은 실망스러워했죠. 그렇지만 더더욱 놀라운 점은 이 화석의 연대였습니다. 20세기 말까지 정설로 여겨진 고인류의 유라시아 진출 시점은 80만 ~70만 년 전이었습니다. 그런데 드마니시 고인류 화석의 연대는 그보다 무려 100만 년 이전인 180만 년 전이었습니다. 아프리카에서 호모 에렉투스가 등장하고 얼마 되지 않아 캅카스에서도 고인류가 등장한 것입니다.

돌봄 능력을 장착한 드마니시인

드마니시는 의미 깊은 화석입니다. 두개골 한두 개만 발견된 유적에서는 알 수 없는, '집단'이 살아간 모습을 알려 주기 때문입니다. 'D 3444'는 드마니시에서 나온 두개골입니다. 이 두개골을 보면 놀랍게도 이가 하나도 없습니다. 이가 언제 빠졌는지는 중요한 문제입니다. 이가 죽기 직전에 빠지거나 죽은 뒤에 빠지면, 잇몸에는 이가 빠진 구멍이 그대로

드마니시에서 발견된 호모 에렉투스
Homo erectus Dmanisi Skull 3

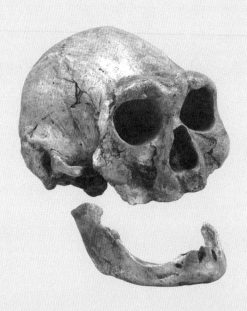

드마니시에서 발견된 호모 에렉투스
Homo erectus Dmanisi Skull 4

남습니다. 하지만 이가 빠진 뒤에도 계속 살았다면, 이 빠진 잇몸의 빈 자리가 메워져 매끄러워집니다. '이빨이 없으면 잇몸으로 씹는' 것이 가능해지죠. 그런데 드마니시 두개골의 이 빠진 부분은 매끄러웠습니다. 이가 다 빠져 없어진 상태로 오랜 시간 생존했다는 사실을 알 수 있습니다.

이가 하나도 없는 상태로 살아가려면 타인의 도움이 필요합니다. 누군가가 먹을 것을 가져다주고, 이 없이도 음식물을 삼킬 수 있도록 도와줘야 합니다. 보살핌이 필요하죠. 드마니시 화석을 발견하기 전까지 사람들은 다른 사람을 돌볼 수 있는 고인류는 네안데르탈인 정도뿐이라고 생각했습니다. 그런데 180만~175만 년 전에 살았던 드마니시도 돌봄 능력이 있었다는 가능성이 제기된 것입니다.

뒤늦게 인정받은 드마니시의 연대

고인류의 이동을 표시한 지도를 보면 흔히 아프리카에서 시작해 캅카스 지방으로, 캅카스 지방에서 인도네시아나 중국으로 화살표가 이어집니다. 하지만 이 지도는 고인류의 확산을 보기 쉽게 단순화한 것일 뿐, 실제 고인류의 이동은 훨씬 더 역동적이었을 것입니다. 고인류의 확산은 이주 또는 이민과는 성격이 다릅니다. 이주나 이민은 어느 시기에, 한곳에 있던 사람들이 목표를 가지고 다른 곳으로 옮겨 가는 일입니다. 고인류는 분명한 목표 지점을 세우고 이동하지 않았을 것입니다. 대부분의 이동은 인구의 증가와 관련 있어요. 어떤 집단의 인구가 늘어나면 다른 곳으로 퍼져 나가게 되죠. 그리고 기후 변화도 원인 중 하나입니다. 기후가 따뜻하고 습윤해지면 북쪽으로 이동하고, 춥고 건조해지면 다시 남쪽으로 이동했을 거예요.

뚜렷한 문화 변동이나 생물학적 변화 없이 작고 보잘것없는 몸과 두뇌, 석기만 가지고 유라시아라는 새 대륙으로 넘어간 고인류는 드마니시까지만 갔다가 그대로 사라졌을지도 모릅니다. 하지만 아시아에서 발견된 고인류의 흔적은 드마니시가 예외적인 경우가 아니라는 점을 알려 줍니다. 유라시아로 확산한 고인류 집단은 계속 발견되고 있습니다.

사실 드마니시가 발견되기 전에도 이미 중동이나 동남아시아, 동북아시아에서 나온 화석이 이른 연대의 것이라는 주장이 있었습니다. 인도네시아의 호모 에렉투스 중 몇몇의 연

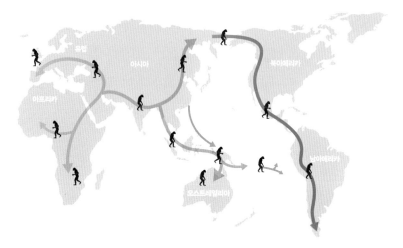

실제 고인류의 이동은 이보다 훨씬 더 역동적이었을 것이다.

대가 60만~50만 년 전이 아니라 약 180만 년 전이라는 연구가 발표되었을 때 학계는 쉽게 인정하지 않았습니다. 인도네시아에서 발견된 고인류 화석이 모두 솔로라는 강변에서 발견되었기 때문입니다.

강변에서 발견된 고고학 유물의 연대를 측정하기란 매우 어렵습니다. 화석의 연대는 대개 화석이 나온 지층의 연대를 통해 측정합니다. 지층은 기본적으로 쓰레기통 원리에 따라 옛것은 아래에, 최근의 것은 위에 차곡차곡 쌓입니다. 그러나 강변은 강줄기로 인해 지층이 교란됩니다. 강줄기가 바뀌면서 과거에 쌓였던 지층을 깎고 새로운 지층을 그 아래에 쌓습니다. 쓰레기통 원리에 따르면 아래쪽 화석이 더 오래된 것이어야 하는데 강변에서는 위쪽 화석이 더 오래된 것일 수도 있는 거예요.

게다가 인도네시아의 호모 에렉투스 화석은 대다수가 20세기 전반에 발견되었는데, 발견 지점이 불확실한 경우가 많았습니다. 앞으로도 인도네시아 고인류 화석의 연대에 관한 논란은 이어지겠지만, 지금으로선 인도네시아의 호모 에렉투스가 150만 년 전부터 시작되었다는 것이 정설입니다.

중국에서도 고인류의 흔적이 놀라운 연대로 측정되었습니다. 중국의 고인류 화석들은 주로 동굴에서 발견되었는데, 동굴에서 발견된 화석은 또 다른 이유로 연대를 측정하기가 까다롭습니다. 동물들이 굴을 파고 다니면서 그 안에 쌓인 지층을 마구 섞어 놓기 때문이죠. 강변에서 발견된 유물과 마찬가지로 동굴에서 나온 유물도 발견 지점을 정확히 기록해야 합니다.

인도네시아와 중국에서 발견된 고인류 화석의 연대에 관한 연구가 인정받지 못한 이유는 이렇듯 발견 상황이 복잡해서이기도 하지만, 한편으로는 유럽과 미국 학계가 인도네시아와 중국의 학자들을 신뢰하지 못해서이기도 합니다. 인도네시아나 중국이 국가주의적인 태도로 자신들의 땅에서 발견된 고인류 화석의 연대가 오래되었다는 연구를 장려했으리라 의심하는 것이죠.

하지만 꾸준한 연구 성과가 쌓이면서 드마니시 고인류 화석의 연대가 인정되자 '절대 그럴 리 없다.'라는 확신이 '그럴 수도 있다.'라는 가능성으로 바뀌었습니다. 고인류가 드마니시에서 180만 년 전에 등장했다면, 인도네시아에서도 180만 년 전에 등장했을 수 있다는 추정이 가능해진 거예요.

1890년대에 인도네시아 자바섬 솔로강 지역의 발굴 현장에서 일하는 외젠 뒤부아와 노동자들의 모습

고인류는
어디서든 살았다

세계적으로 퍼져 나간 호모 에렉투스는 대개 비슷한 생김새를 가지고 있습니다. 인도네시아에서 발견된 '상이란 17 Sangiran 17'의 앞으로 튀어나온 두꺼운 눈썹뼈와 두꺼운 두개골은 아프리카의 호모 에렉투스와 비슷합니다. 동남아시아의 호모 에렉투스는 아프리카의 호모 에렉투스와 같은 조상에서 갈라져 나왔다고 추정할 수 있습니다.

동남아시아에서 발견된 '상이란 17'의 두개골이 180만 년 전의 것이라면, 아프리카에서 나온 고인류가 180만 년 전에 캅카스산맥 너머의 드마니시로, 다시 인도네시아로, 또 중국으로 올라가는 모습을 상상할 수 있습니다. 해수면이 낮아진 빙하기에는 인도네시아가 섬이 아니라 아시아 대륙의 일부였거든요. 그렇게 동남아시아 해안 지방을 따라 확산하는 고인류에 관한 시나리오가 한창 펼쳐지고 있을 때, 2018년 중국에서 한 연구 결과가 발표되었습니다. 샹첸이라는 지역의 고고학 유적에서 고인류가 사용한 것으로 보이는 석기가 다수 발견된 것입니다. 고인류 화석이 발견되지는 않았지만, 석기의 연대를 측정하자 무려 210만 년 전 유물로 판명되었습니다. 샹첸 유적의 연대가 발표되자 세계는 충격에 빠졌습니다. 드마니시보다 훨씬 더 오래전부터 동북아시아에 고인류가 살고 있었다는 사실이 밝혀진 셈이니까요.

누가 얼마나 먼저 어디로 이동했는지는 사실 그렇게 중요하지 않습니다. 이러한 연구 결과가 중요한 이유는 아프리카에서 호모 에렉투스가 발견된 지 얼마 되지 않아 전혀 다른 환경에서도 고인류가 살고 있었다는 사실을 알려 주기 때문입니다. 캅카스 지방의 환경과 베이징에 가까운 동북아시아의 추운 지역, 그리고 동남아시아의 열대성 지역, 이 모든 환경에서 고인류가 살아갔다는 것이죠. 고인류가 오래전부터 다양한 환경에 적응했다는 놀라운 이야기입니다.

그렇게 200만 년 전, 아시아에서 살기 시작했던 고인류는 그 후로 호모 사피엔스가 등장할 때까지 100만 년 이상을 살았습니다. 아프리카에서는 100만 년 전까지 오스트랄로피테쿠스/파란트로푸스 보이세이가 여전히 살고 있었을 가능성이 있습니다.

그리고 100만 년 전, 드디어 유럽에도 고인류가 등장합니다. 스페인의 아타푸에르카 유적에서 나온 많은 고인류 화석 중에 특별히 언급할 만한 것은 열 살짜리 어린아이의 화석입

상이란에서 발견된 호모 에렉투스
Homo erectus Sangiran 17

니다. 이 아이에게는 아시아 지역 고인류에게서 주로 보이는 부삽 모양 앞니가 있습니다. 이는 당시 유라시아에 살던 고인류 집단이 다른 대륙을 오가며 서로 유전자를 교환했다는 증거입니다. 아이의 광대뼈에는 둔기로 맞은 자국도 있습니다. 흔한 일은 아니죠. 2차 매장*을 했기 때문이라는 해석도 가능하지만, 그보다는 동종 포식의 증거로 보입니다.

많은 사람이 고인류를 식인종이라고 생각합니다. 식인종이란 다른 사람의 몸을 정기적으로 먹는 식습관을 가진 인종입니다. 고인류 중 식인종은 없습니다. 하지만 척박한 환경에서 극단적인 선택을 하는 경우는 있었습니다. 우연일지는 모르지만 100만 년 전의 고인류 화석은 거의 얼굴뼈가 없어요. 인도네시아에서 머리뼈가 많이 발견됐지만 단 한 개만 얼굴뼈가 있고 나머지는 모두 얼굴뼈가 없었습니다. 중국 저우커우뎬에서 발견된 화석 역시 마찬가지였어요. 10개 이상의 개체가 발견되었지만 머리뼈만 있고 얼굴 부분은 없었죠. 유독 이 시기의 고인류 화석에만 얼굴뼈가 없는 이유는 동종 포식에 따른 것이라는 가설이 가능합니다.

* 2차 매장은 시신을 처음 매장한 다음 일정 기간이 지난 뒤 뼈를 깨끗이 손질해 다시 묻는 일이다.

1990년대까지 정설이었던 고인류의 세계 진출 시나리오
에서는 큰 몸과 큰 머리, 사냥 도구, 큰 짐승 사냥 등이 중요
한 역할을 했습니다. 그렇지만 실제 화석은 우리에게 다른 이
야기를 들려줍니다. 이들에게는 큰 머리도 큰 몸도 사냥 도구
도 없었습니다. 하지만 신체 비율상 긴 다리로 보아 그들은
분명 호모 에렉투스였습니다. 200만 년 전 아프리카에서 세
가지 적응 전략이 생긴 지 얼마 지나지 않아서 유라시아에도
인류가 등장한 것입니다. 새로운 인류는 다양한 환경에 적응
해서 살아가고 있었습니다.

7장

다양한 인류
가깝든 멀든 우리 서로 만나요

앞니,
어디까지 써 봤니?

700만~500만 년 전에 아프리카에서 태어나 200만 년 전부터 아시아로 확산하기 시작한 인류는 100만 년 전 유럽에서도 발견되기 시작합니다. 아프리카와 유라시아에 널리 퍼진 인류는 다양한 환경에 적응하면서 각자의 독특한 특성을 쌓아 가는 한편, 꾸준히 이동하면서 서로 만났습니다. 그리고 문화와 유전자를 교환했죠. 그 결과 전 세계에 다양한 인류가 나타나기 시작합니다. 그들은 서로 다르기도 하고 비슷하기도 합니다.

유럽은 빙하기가 이어지고 있었습니다. 인류는 빙기와 간

빙기가 반복되면서 변하는 환경에 적응하며 살았습니다. 생물학적으로 적응하다 보니 몸이 달라졌어요. 오랫동안 추운 기후에 적응해 온 인류의 몸과 오랫동안 더운 기후에 적응해 온 인류의 몸은 다르게 생겼습니다. 추운 지역에서는 굵직한 몸통과 짧은 팔다리를 통해 체온 손실을 막고 더운 지역에서는 긴 몸통과 긴 팔다리를 통해 체온 증발을 도와야 했어요. 급변하는 환경에서는 몸을 통한 생물학적 적응만큼 문화 도구를 이용한 적응이 중요합니다. 추운 환경에서는 두꺼운 몸통과 짧은 팔다리뿐만 아니라 모닥불을 피워서 불을 쬐는 일도 적응하는 데 도움이 되니까요. 생물학적 적응보다 문화적 적응에 의존하는 것은 인류의 특징입니다.

빙하기의 고인류는 동굴 생활을 하며 다양한 석기로 만든 도구를 사용하고, 앞니를 도구로 사용하기도 했습니다. 도대체 앞니를 어떻게 사용했을까요? 추운 곳에서 살려면 옷이 필요합니다. 털을 포기하고 땀으로 체온을 조절하게 된 인류는 맨몸이었습니다. 맨몸으로는 빙하기를 살아갈 수 없어요. 그래서 다른 동물의 털옷을 빌려 입어야 하는 상황이 되었습니다. 그런데 동물을 잡아서 가죽이나 털을 벗기기만 한다고 옷이 되지는 않습니다. 그대로 두면 가죽이 빳빳하게 말라 버

찰스 나이트,
〈눈보라에 휩싸인
네안데르탈인〉, 1911년

리니까 부드럽게 만들어야 했죠. 현대에는 화학 약품을 써서 가죽을 부드럽게 만들지만, 과거에는 튼튼한 앞니를 사용해 가죽을 부드럽게 만들었습니다.

수십만 년 전 고인류도 같은 방법으로 가죽을 무두질해 옷을 만들어 입고 추운 빙하기를 살아 냈을 것입니다. 그 많은 사람의 가죽옷을 만들려면 앞니로 얼마나 많은 무두질을 해야 했을까요? 닳은 이의 흔적은 네안데르탈인을 비롯해 같은 시기에 살았던 수많은 고인류 화석에서도 나타났습니다.

말하고 노래할 수 있다는 것

스페인 부르고스주의 시에라 데 아타푸에르카 동굴에서 발굴된 100만 년 전 화석은 주로 몸뼈가 남았습니다. 그 몸뼈는 나리오코토메 소년과 같이 적도 지방의 더운 지역에서 살던 집단에서 보이는 몸집이 아니라 다부지고 굵직하고 팔다리가 짧은 네안데르탈인의 몸집과 유사했습니다.

아타푸에르카 화석에서 고유전자를 추출해서 조사했더니 핵유전자는 네안데르탈인과 비슷했고, 미토콘드리아 유전자는 데니소바인Denisovan●과 비슷했습니다. 그렇다면 아타푸에르카 화석은 네안데르탈인과 데니소바인의 혼혈일까요? 아니면 네안데르탈인과 데니소바인의 유전자를 지닌 고인류가 한 지역에 머물렀던 걸까요? 그보다는 네안데르탈인과 데니소바인 계통이 유라시아 전체에 퍼져 살았던 증거라고 볼 수

● 데니소바인은 시베리아의 알타이산맥에 있는 데니소바 동굴에서 발견된 고인류로, 8만 년 전부터 4만~3만 년 전 무렵까지 살았던 것으로 추정한다.

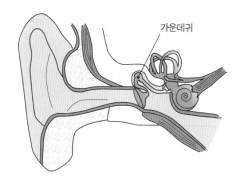

가운데귀

있습니다.

아타푸에르카 유적에서는 많은 귀뼈가 나왔습니다. 특히 가운데귀^{중이}의 뼈가 많았는데, 인간의 귓속뼈와 비슷하게 생겼습니다. 인간은 침팬지가 들을 수 없는 중간 음역을 잘 들을 수 있습니다. 그 중간 음역은 말할 때의 데시벨입니다. 30만 년 전 아타푸에르카인이 인간과 비슷한 모양의 귀를 가졌으니 듣고 말할 수 있었다고 추정한다면 지나친 해석일지도 모릅니다. 하지만 그런 신체 기능이 있었던 것은 분명하니, 나중에 언어를 사용할 수 있게 되었다는 정도의 해석은 할 수 있습니다.

아타푸에르카 유적에서 발굴된 혀뼈^{설골} 역시 인간의 혀뼈와 비슷하게 생겼습니다. 혀뼈는 언어의 기원과 관련이 있어서 오랫동안 많은 관심을 받았습니다. 언어가 언제부터 생겼는지는 많은 고인류학자가 관심을 기울이는 연구 주제입니다. 언어는 인간의 중요한 특징 중 하나이고, 고인류학은 인간의 특징을 연구하는 학문이니까요.

그런데 언어는 화석으로 남지 않습니다. 그래서 화석으로 남은 뼈 중에 언어를 연구할 수 있을 만한 것을 찾던 중 생각해 낸 것이 혀뼈입니다. 말할 때 혀를 움직이니까 혀가 붙은 뼈의 생김새를 통해 언어의 기원을 살펴볼 수 있다고 본 거예요. 게다가 혀뼈는 후두의 위치와 연관이 있습니다. 인간의 후두는 다른 동물의 후두보다 아래쪽에 있습니다.

코로 들어간 공기는 앞쪽으로 이동해 폐와 기관지로 넘어

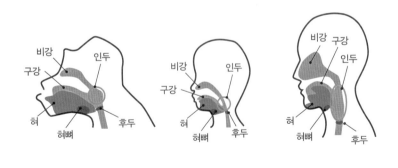

<table>
<tr><td>침팬지</td><td>인간 아기</td><td>성인</td></tr>
</table>

가고, 입으로 들어간 음식물은 뒤쪽으로 이동해 위장으로 넘어갑니다. 마치 철로를 변경하듯이 이 경로를 조절하는 역할을 후두가 합니다. 후두가 아래로 내려오면 그 안에는 공간이 생깁니다. 그 공간은 성대가 울리는 메아리 방처럼 기능하게 되죠. 후두가 넓어진 덕분에 인간이 노래를 부를 수 있고 말할 수 있게 됐다는 것은 설득력 있는 가설입니다.

그래서 네안데르탈인의 혀뼈가 발굴되었을 때 이 혀뼈가 침팬지처럼 위쪽에 붙어 있는지, 인간처럼 아래쪽에 붙어 있는지를 두고 많은 논란이 있었습니다. 아타푸에르카인의 혀뼈는 인간의 혀뼈와 생김새가 비슷하므로 위치도 비슷하다고 볼 수 있지만, 사실 혀뼈의 위치를 정확히 알 수는 없습니다. 혀뼈는 다른 뼈와 붙어 있지 않기 때문에 그 생김새만 가지고 위치를 추정할 수 없기 때문입니다.

30만 년 전에 아타푸에르카인이 말하고 노래를 불렀는지는 알 수 없습니다. 하지만 귓속뼈와 혀뼈를 통해 적어도 그럴 수 있는 기능은 가지고 있었던 것으로 추정할 수 있어요. 수십만 년 전부터 조금씩 드러나는 인간다움, 바로 훗날 현생 인류가 하게 되는 행위를 준비하는 작업이라고 볼 수 있겠죠.

호모 로데시엔시스,
3만 년 전과 30만 년 전 사이

1920년대 아프리카 잠비아의 중부 도시 카브웨에서는 30만 년 전 고인류 화석이 발견됩니다. 도시 이름을 따 카브웨Kabwe라고 불리는 이 화석은 눈썹뼈가 두껍고 얼굴이 컸지만, 두뇌 용량은 1300시시로 현생 인류와 비슷했습니다. 그런데 현생 인류의 동그란 두뇌와 달리 카브웨의 두뇌는 납작한 럭비공 모양이었습니다. 또 앞니가 송곳니나 어금니보다 많이 닳았고, 닳은 형태를 보아 앞니를 도구로 쓰기 시작했다는 사실을 알 수 있습니다. 카브웨 화석에는 군데군데 구멍이 있고 잇몸이 녹아 사라진 흔적이 보입니다. 이를 두고 납 중독이라는 가설이 나왔습니다. 주위 환경에서 유출된 납에 중독되어 고통스러운 최후를 맞이했던 것으로 보이죠.

카브웨 화석이 발견되었을 당시에 붙여진 이름은 브로큰힐Broken Hill이었습니다. 카브웨 지역이 영국의 식민지였던 당시 브로큰힐이라고 불렸기 때문입니다. 그리고 과거 잠비아의 이름이 로디지아였으므로 이 화석에는 '호모 로데시엔시스Homo rhodesiensis'라는 이름이 붙었습니다.

호모 로데시엔시스를 처음 발견한 당시 고인류학자들은

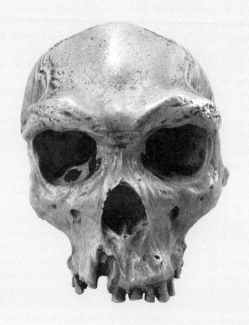

카브웨에서 발견된 호모 로데시엔시스

Homo rhodesiensis Kabwe

이 화석을 3만 년 전의 고인류라고 여겼습니다. 3만 년 전이면 유럽에서 후기 구석기가 시작되던 때입니다. 유럽에서는 이미 찬란한 후기 구석기가 시작된 때에 아프리카에는 '원시적인' 모습의 인류가 살고 있었다는 생각은 아프리카가 유럽에 뒤처졌다는 인종주의의 생물학적 근거가 되었습니다. 그런데 알고 봤더니 호모 로데시엔시스는 3만 년 전이 아니라 30만 년 전, 당시 유라시아와 아프리카에서 살고 있던 고인류와 비슷한 모습의 화석이라는 사실이 밝혀졌습니다.

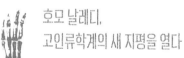

호모 날레디,
고인류학계의 새 지평을 열다

2013년 남아프리카 요하네스버그 인근에서는 호모 로데시엔시스와 비슷한 시기인 30만 년 전의 화석 인류가 발견되었습니다. 바로 라이징 스타 동굴에서 발견된 호모 날레디Homo naledi입니다. 동굴 입구에서 직선거리 200미터 떨어진 곳에서 수십 개체의 화석이 발견되었습니다. 그 지점까지 찾아가려면 몸을 굽힌 채 기어서 어둡고 좁은 동굴 길을 통과해야 했습니다. 공사장 안전모와 밧줄을 챙기는 등 만반의 준비를 하고 안으로 들어간 연구원들은 다시 나오지 못할 위험까지 각오했습니다. 그들에게는 '지하의 우주인'이라는 별명이 붙었습니다.

호모 날레디는 동굴 끝 돌 위에 차곡차곡 쌓여 있는 모습으로 발견되었습니다. 그 장면은 마치 매장한 것처럼 보였어요. 3만 년도 아닌 30만 년 전에, 450~600시시 정도밖에 되지 않는 두뇌로, 고도의 인지 체계가 필요한 매장 행위를 했을지도 모른다는 사실은 놀랍습니다. 어쩌면 우리가 생각하는, 인간만이 가능하다고 여기는 행위가 반드시 인간의 두뇌가 있어야만 가능한 게 아닐 수도 있다는 것이죠. 호모 날레디가 일으킨 반전은 이뿐만이 아니었습니다.

호모 날레디 발굴에 앞장선 남아프리카의 인류학자 리 버거Lee Berger는 공동 연구 팀을 공개 모집했습니다. 많은 학문이 그렇듯 고인류학은 폐쇄적인 학문입니다. 이른바 '알음알음', '끼리끼리' 문화가 강하죠. 놀라운 화석이 발견되면 몇몇 학자끼리만 정보를 공유하며 연구하는 경우가 많습니다. 그런데 버거 교수는 공개 모집을 통해 누구나 발굴하고 공부하고 연구할 수 있도록 했어요. 단, 두 가지 조건이 있었습니다. 박사 학위가 있을 것, 좁은 통로를 통과할 수 있을 만큼 작은 몸

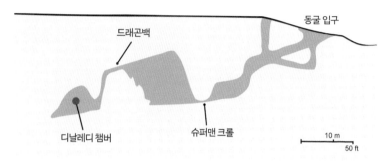

● 호모 날레디가 발견된 지점

동굴 입구

드래곤백

디날레디 챔버

슈퍼맨 크롤

10 m
50 ft

라이징 스타 동굴의 지형도

집일 것. 이 조건에 맞춰 선발된 연구자들은 대부분 여성 신진 연구자였습니다. 이렇듯 호모 날레디 연구는 그 이전의 고인류학 연구와는 달리 고인류학계의 새로운 지평을 열었습니다.

아시아에서도 카브웨나 아타푸에르카에서 나타난 고인류와 비슷하게 생긴 고인류가 발견되었습니다. 두꺼운 눈썹뼈와 큰 두뇌, 낮은 이마와 앞뒤로 긴 머리뼈는 어디에서나 볼수 있는 특징입니다. 그리고 지역마다 고유한 특징도 발견됩니다. 코뼈의 높이, 광대뼈의 각도는 아시아, 아프리카, 유럽에서 다양한 모습으로 나타났어요. 현재 많은 아시아인에게서 볼 수 있는 부삽 모양의 앞니는 수십만 년 전 아시아 고인류 화석에서도 흔히 나타납니다. 앞니는 음식을 씹어 먹는 일 외에도 문화적 도구로 쓰이기 시작했습니다.

6만 년 전의 호빗 인류

하지만 고인류가 모두 비슷하게 생긴 것은 아닙니다. 인도네시아의 플로레스섬에서는 호빗Hobbit •이라고 불리는 고인류 화석이 발견되었습니다. 플로레스섬은 해수면이 가장 낮았던 시기에도 바다 한가운데에 있는 섬이었기 때문에 그곳에 가려면 바다를 건널 도구가 필요했습니다. 바로 그곳에서 2003년도에 발견된 고인류 화석은 사람들을 충격에 빠뜨렸습니다. 화석의 몸집이 매우 작았기 때문입니다. 그런데 약 110센티미터밖에 되지 않는 작은 몸보다도 더 놀라웠던 것은 머리 크기였습니다. 호빗은 고인류 역사상 가장 작은 머리를 가지고 있었습니다. 만약 호빗과 같은 머리와 몸 크기를 지닌

• 호빗은 J. R. R. 톨킨의 소설 『호빗』과 『반지의 제왕』에 등장한 가상의 종족으로, 땅굴에 살고 키가 매우 작다.

인도네시아 플로레스섬 리앙 부아 동굴의 발굴 현장

호모 플로레시엔시스

Homo floresiensis

화석이 300만 년 전에 아프리카에서 나왔다면 누구도 놀라지 않았을 것입니다. 그런데 이렇게 작은 머리에 작은 몸집이 인도네시아에서 약 6만 년 전, 고인류 역사상으로 봤을 때 최근이라고 여겨지는 시기에 나왔기에 놀랐던 것입니다.

호모 사피엔스와 호빗이 과연 공존할 수 있었을까요? 섬에서 오랜 기간 고립되면 작은 동물은 커지고 큰 동물은 작아지는 현상이 발생합니다. 일부 학자들은 호빗이 수십만 년 동안 섬에 고립되어 살면서 섬 왜소증으로 몸이 작아진 것이며, 따라서 호모 사피엔스와는 별개로 '호모 플로레시엔시스^{Homo floresiensis}

'라는 새로운 종으로 봐야 한다고 주장합니다. 또 한편으로는 호빗의 작은 머리와 몸집이 병이므로 예외적인 경우이며, 단 하나의 개체로 판단할 수 없다는 반대 의견도 있습니다. 호모 플로레시엔시스가 제대로 인정받을 만한 새로운 종인지, 아니면 병리적인 예외인지는 좀 더 두고 봐야 합니다.

　이렇게 인류는 가까이 있는 사람들과도 유전자를 나누고 멀리 떨어진 사람들과도 유전자를 나누며 살아왔습니다. 다양한 인류가 나타나고 어떤 인류는 사라져 갔습니다.

8장

우리 안의 네안데르탈인

약자를 돌봐 온 역사

네안데르탈인은 보통 명사일까, 고유 명사일까?

고인류학은 네안데르탈인에 관한 관심에서 시작되었다고 해도 과언이 아닐 만큼 네안데르탈인은 고인류학 역사와 매우 긴밀하게 연결된 주제입니다. 고인류학자뿐 아니라 일반 대중에게도 많은 관심과 사랑을 받는 주제이기도 합니다.

네안데르탈인의 역사는 고인류학의 역사보다 오래되었습니다. 네안데르탈인 화석은 찰스 다윈의 『종의 기원』이 출간된 1859년도보다 30년 더 일찍 발견되었어요. 1829년 벨기에 앙지에서 처음 발견되었고, 1848년 스페인 지브롤터에서

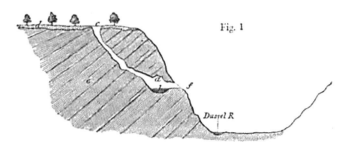

도 발견되었습니다. 그리고 1856년 독일 뒤셀도르프의 네안데르 계곡에서 발견된 펠트호퍼Feldhofer로부터 네안데르탈인이라는 이름이 시작되었습니다. 이들 모두 발견 당시에는 주목받지 못했지만, 다윈의 진화론이 자리 잡으면서 인류의 조상으로 등극하게 됩니다. 그리고 '호모 네안데르탈렌시스Homo neanderthalensis'라는 종명도 얻습니다.

사람들은 인류의 조상이 된 '네안데르탈인'이 보통 명사인지 고유 명사인지 알고 싶어 했습니다. 인류 진화 역사에서 보편적으로 거치는 단계인지, 아니면 유럽에만 있었던 고인류 집단인지가 궁금했던 것이죠.

20세기 전반까지는 네안데르탈인이 인류 진화의 단계라는 생각이 지배적이었습니다. 자바인, 호모 에렉투스, 네안데르탈인, 크로마뇽인, 호모 사피엔스로 이어지는, 인류가 거쳐 온 하나의 단계로 생각했습니다. 교과서에도 그렇게 소개되었습니다. 하지만 지금은 네안데르탈인을 유럽에서 주로 살았고 중앙아시아와 중동 지방까지 퍼져 살았던 고인류 집단을 가리키는 고유 명사로 보는 견해가 더 일반적입니다.

네안데르탈인은 극심한 빙하기를 견뎌 냈습니다. 현생 인류와 그다지 다르지 않은 몸집을 가지고 있었고, 많은 면에서 비슷한 삶을 살았습니다. 그들은 작은 키와 다부진 몸집에 몸통이 굵고 팔다리가 짧습니다. 호리호리하고 팔다리가 긴 아프리카의 호모 에렉투스와는 다르고, 추운 극지방에 살던 현생 인류 집단과는 비슷하죠. 네안데르탈인의 두뇌 용량은 현생 인류보다 큰데, 이 역시 추운 환경에의 적응 중 하나로 봅니다.

네안데르탈인의 독특한 형질은 그들이 등장하기 훨씬 이른 시기부터 나타났습니다. 175만 년 전 화석인 드마니시에서 네안데르탈인의 턱뼈에 나타나는 특별한 형질이 발견되었습니다. 네안데르탈인의 유전자도 마찬가지로 훨씬 오래전부터 나타납니다. 하지만 네안데르탈인 뼈의 형질이나 유전자가 최초로 나타난 때가 네안데르탈인의 시작점은 아닙니다. 현재 일컬어지는 네안데르탈인의 특정한 조합은 20만 년 전 이후에 나타납니다.

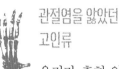

관절염을 앓았던 고인류

우리가 흔히 알고 있는 네안데르탈인의 모습은 실제 모습과는 크게 다릅니다. 1909년 프랑스 파리의 신문 〈릴뤼스트라시옹 L'Illustration〉에 게재된 네안데르탈인의 삽화는 온몸이 털로 뒤덮여 있고 팔은 길고 다리는 짧고 머리는 똑바로 들지 못한 채 구부정한 자세로 엉거주춤 서 있는 모습입니다. 이때부터 네안데르탈인은 어딘가 열등한 존재라는 생각이 자리 잡았고, 이러한 생각이 이후 100년 동안 네안데르탈인에 대한 이미지를 지배했습니다.

그림의 모델이 된 화석은 1908년 프랑스에서 발견된 6만 년 전의 인류 '라샤펠의 늙은이'입니다. 늙은이라고 불리지만 40대 정도의 남자로 추정합니다. 라샤펠의 늙은이는 머리뼈뿐만이 아니라 많은 몸뼈가 발견되었어요. 관절염을 앓은 흔적으로 보아 거동이 불편했을 것입니다. 신문에 실렸던 삽화

과거 네안데르탈인에 대한 편견이 반영된 삽화(위)와
그 모델이 된 '라샤펠의 늙은이'(아래)

속 네안데르탈인의 구부정하고 엉거주춤한 자세는 네안데르탈인의 열등함 때문이 아니라 관절염 때문일지도 모릅니다.

라샤펠의 늙은이는 어금니가 모두 빠진 상태였으며 이가 빠진 빈 자리의 잇몸이 아문 것으로 보아 어금니가 없는 상태로 오랜 기간 생존했으리라 짐작됩니다. 누군가의 보살핌이 있었다는 것이죠. 이는 실제 네안데르탈인이 삽화와 사람들의 머릿속에 등장했던 야만적인 모습과는 다르게 인간다웠다고 해석할 수 있게 합니다. 네안데르탈인에 관해 많은 연구와 자료가 축적되면서 그 모습도 훨씬 더 사실에 가깝게 추정되고 있습니다.

1909년 프랑스에서 또 다른 네안데르탈인 화석인 '라페라시La Ferrassie'가 발견됩니다. 대표적인 네안데르탈인 화석입니다. 현생 인류와 비교하면 네안데르탈인의 두개골은 럭비공처럼 길쭉하고 납작합니다. 뒤통수에 튀어나온 부분이 있고, 눈썹뼈 역시 튀어나와 있습니다. 눈썹뼈가 튀어나온 것은 그 이전의 고인류에서도 계속 보이는 형질입니다. 조상의 형질을 물려받은 셈이죠. 그리고 크고 넓은 코와 튀어나온 뺨, 뺨에 난 구멍 등은 추운 환경에 적응하기 위한 모습으로 보입니다.

부풀어 올라 앞으로 튀어나온 뺨 때문에 자연스레 광대뼈가 옆을 향하는데, 이 형질은 현대 유럽인에게서 흔히 볼 수 있습니다. 유럽인이 네안데르탈인의 특징을 그대로 이어받았다고 볼 수 있습니다. 광대뼈가 옆을 향하기 때문에 앞에서 보면 얼굴이 둥근 동아시아인과 다르게 얼굴이 갸름합니다. 라페라시의 코뼈는 깨져 있었습니다. 죽고 난 뒤 자연적으로 깨진 게 아니라 누군가 의도를 가지고 깨뜨린 것으로, 동종 포식을 위해 코뼈를 깨뜨려 안에 있는 뇌를 먹었을 것이라는 주장이 있습니다.

라페라시의 치아가 마모된 정도를 보면 30대 중반인데도 앞니가 많이 닳아 있습니다. 아랫니와 부딪쳐서 생긴 흔적이 아니라 뭔가 다른 원인에 의해 생긴 흔적으로 보입니다. 가죽 옷을 만들기 위해 앞니로 생가죽을 무두질하느라 닳았다는 가설이 설득력 있습니다. 또 앞니로 고기를 물고 칼로 자르다가 살짝 빗나가면 칼날이 앞니를 긁게 됩니다. 이런 이유로 네안데르탈인의 앞니에는 작은 칼날 자국이 무수히 나 있습니다. 칼을 오른손으로 썼느냐, 왼손으로 썼느냐에 따라 칼날 자국의 각도가 달라지죠. 3장에서도 이야기했듯이 네안데르탈인의 앞니에 난 칼날 자국의 각도를 분석해 보니, 네안데르탈인 역시 현생 인류처럼 오른손잡이가 많았습니다. 이로써

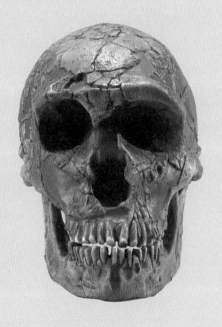

프랑스 라페라시 동굴에서 발견된
호모 네안데르탈렌시스

Homo neanderthalensis La Ferrassie 1

네안데르탈인의 두뇌도 현생 인류처럼 좌우 비대칭이었다는 사실을 알 수 있습니다.

당신은 네안데르탈인입니까?

생물과 문화를 모두 사용해서 환경에 적응하는 현생 인류처럼 네안데르탈인 역시 신체적으로뿐만 아니라 문화적으로도 추위에 적응했습니다. 인간의 몸에는 몸니가 있습니다. 몸니는 털에 기생하는 이의 한 종류입니다. 200만 년 전에 이미 털을 버리고 땀으로 체온을 조절하게 된 인간의 매끄러운 몸에 어떻게 몸니가 생겼을까요? 머리털에도 사타구니털에도 이가 있지만, 그 사이의 몸에는 이가 서식할 만큼의 털이 없습니다. 이에게 머리와 사타구니 사이의 거리는 대륙과 대륙 사이의 거리나 마찬가지입니다. 머릿니와 사타구니이 사면발니는 서로 다른 종이라 볼 수 있죠. 인간의 몸니는 인간의 몸털이 아니라 인간이 입었던 털옷에서 서식하기 시작했을 가능성이 큽니다. 몸니의 유전자를 분석했더니 54만 년 전에서 7만 년 전 사이에 기원한 것으로 밝혀졌습니다. 네안데르탈인이 살았던 시기로, 그들이 동물 털 등으로 옷을 지어 입었다고 짐작할 수 있습니다.

네안데르탈인과 함께 발견된 여러 가지 도구 중에는 뼈로 만든 것들이 있습니다. 가죽을 손질하는 '리수아르'는 처음에는 현생 인류의 발명품으로 알려졌지만, 사실 네안데르탈인부터 사용하기 시작했습니다. 네안데르탈인은 이러한 도구와 앞니를 사용해 가죽옷과 털옷을 만들어 입었어요. 그리고 그들의 두꺼운 팔뼈를 보면 알 수 있듯이 평생 많은 일을 하며 살았습니다.

네안데르탈인에게는 예술과 의식의 세계가 있었습니다. 벽화를 그리고 장신구와 몸을 색칠해서 개인의 정체성을 드러낸 흔적이 남아 있습니다. '나'와 '너', '우리'와 '그들'을 구별하고 집단성과 정체성을 표식으로 나타내기 시작한 인류가 네안데르탈인입니다. 그래서 우리는 네안데르탈인에게 물어야 합니다. "당신은 네안데르탈인입니까?"라고 말이죠. 그들에게는 나, 우리, 집단에 관한 인식과 정체성이 있었으니까요.

네안데르탈인 화석을 보면 장례 의식의 흔적도 엿볼 수 있습니다. 주검과 껴묻거리*를 함께 묻었을 뿐만 아니라 무덤에 꽃가루를 뿌리기도 했습니다(이 꽃가루가 자연적인 것인지

뼈로 만든 도구 리수아르

인위적인 것인지 논란이 있긴 합니다). 이라크 샤니다르 동굴에서 발굴된 네안데르탈인 화석을 보면, 죽은 그대로의 모습이 아니라 누군가 의도적으로 주검의 자세를 가다듬었다는 사실을 알 수 있습니다.

또 네안데르탈인은 '말'을 했을 가능성이 큽니다. 이스라엘의 케바라 동굴에서 나온 네안데르탈인 화석의 혀뼈는 현

● 껴묻거리는 장례를 지낼 때 시체와 함께 묻는 물건들이다.

생 인류의 혀뼈와 유사합니다(앞서 이야기했듯이 혀뼈가 비슷하게 생겼다고 해서 말했으리라는 보장은 없습니다). 그리고 두뇌가 좌우 비대칭이었다는 연구 결과가 나오기도 했죠. 이는 네안데르탈인의 인지 능력이 인간과 비슷했다는 사실을 알려 줍니다. 케바라 화석은 턱뼈와 혀뼈가 발견되었지만 머리뼈는 발견되지 않았습니다. 목뼈의 자국을 보아 화석화 과정에서 없어졌다기보다는 잘린 것으로 보입니다.

네안데르탈인의 식문화도 한번 살펴볼까요? 이들은 뛰어난 사냥꾼으로 고기를 주로 먹었다고 알려져 있습니다. 무스테리안 석기로 큰 동물을 사냥했죠. 치아에 남은 질소 동위원소를 분석해 보니, 하이에나와 코요테 같은 육식 동물과 비슷하게 육식을 했던 것으로 나타났어요. 황제 다이어트의 선조라고 볼 수 있죠. 네안데르탈인은 훌륭한 사냥꾼이었지만, 그들의 사냥은 어려운 환경에서 이루어졌습니다. 창촉이나 화살을 이용해 먼 거리에서 동물을 쏘아 죽인 게 아니라 직접 석기를 들고 동물과 격투를 벌였을 거예요. 네안데르탈인의 뼈에는 부러졌다가 다시 붙은 부상의 흔적이 곳곳에 남았거든요. 심지어 샤니다르의 화석은 한쪽 눈이 멀었습니다. 이는 같은 종족 간의 갈등에서뿐만 아니라 사냥감인 동물과 사투

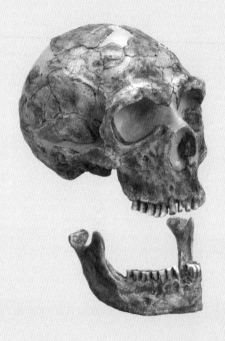

곳곳에 부상 흔적이 남은
샤니다르의 호모 네안데르탈렌시스
Homo neanderthalensis Shanidar 1

를 벌인 끝에 생긴 부상이라고 볼 수 있어요. 그들이 얼마나 힘들게 살았는지 그려 볼 수 있죠.

그런데 육식했다고 알려졌던 네안데르탈인이 채식도 했다는 사실이 밝혀졌습니다. 스페인 북부의 엘 시드론이라는 동굴에서 12명의 네안데르탈인 화석이 나왔는데, 그들의 주식은 잣, 이끼, 버섯류 등 채식이었던 것으로 알려졌습니다. 화석에는 칼날 자국과 깨뜨린 자국이 있고 뼈를 뚫어 골수를 파낸 자국도 보였습니다. 과연 2차 매장의 흔적일까요, 아니면 동종 포식의 흔적일까요?

화석의 뼈와 이를 들여다보면 영양 상태를 알 수 있습니다. 특히 성장기 아이들이 극심한 영양 부실을 겪으면, 이가 제대로 자라지 않고 특별히 생긴 금이 남게 됩니다. 그런데 후반기로 갈수록 네안데르탈인의 뼈와 이에는 영양실조 또는 영양 부실의 흔적이 흔히 나타났습니다. 극심한 추위, 척박한 환경에서 영양실조와 영양 부실을 겪었던 네안데르탈인은 아마 최후의 방법으로 동종 포식을 선택했을 가능성이 큽니다.

네안데르탈인은 수렵하며 동물성 단백질에 의존하고 채식하면서 물고기도 잡아먹은 것으로 보입니다. 잠수하는 집단에서 나타나곤 하는 질환인 외이도 골종이 네안데르탈인에게서도 보이기 때문이죠.

네안데르탈인의 형질은 독특한 동시에 다양하기도 합니다. 프랑스에서 나온 라끼나 아이^{La Quina Child}나 우즈베키스탄에서 나온 테시크-타시 아이^{Teshik-Tash Child}는 둘 다 네안데르탈인인데도 서로 다른 모습입니다. 테시크-타시 아이는 아시아적인 형질을 보여 줍니다. 무엇보다 광대뼈가 앞을 향하고 있다는 점은 서유럽의 네안데르탈인과 다릅니다.

이렇듯 네안데르탈인은 하나의 모습이 아니라 다양한 모습, 다양한 문화를 가지고 있었습니다.

사라졌어도 사라지지 않은

유전자를 연구한 결과, 네안데르탈인의 수는 생각만큼 많지 않았습니다. 개체 수가 많다면 돌연변이 수도 많을 수밖에 없으니 유전자의 다양성이 늘어납니다. 그러나 네안데르탈인 화석에서 추출한 미토콘드리아 유전자는 그다지 다양하지 않았죠. 그들이 작은 규모의 집단이었다는 뜻입니

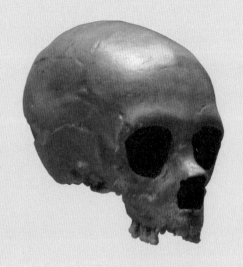

프랑스에서 발견된 호모 네안데르탈렌시스
라끼나 아이

Homo neanderthalensis La Quina Child 18

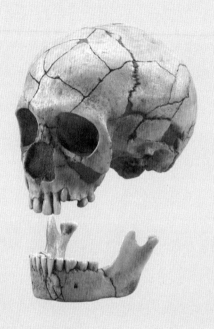

우즈베키스탄에서 발견된 호모 네안데르탈렌시스
테시크-타시 아이

Homo neanderthalensis Teshik-Tash Child

다. 집단 규모가 작으면 근친 교배* 비율이 높아집니다. 그 부작용으로 네안데르탈인이 사라졌다는 연구도 있습니다.

그렇다면 네안데르탈인은 언제 사라졌을까요? 앞서 이야기했듯이 그들은 수가 많지 않았고, 영양실조와 영양 부실을 겪었습니다. 컴퓨터 시뮬레이션을 통해 네안데르탈인의 저출산율을 밝힌 연구도 있습니다. 많은 사람이 네안데르탈인이 현생 인류에게 몰살당해 사라졌다는 가설을 흥미롭게 받아들이지만, 사실 그들은 힘겹게 살 만큼 살다가 자연스럽게 사라졌을 것입니다.

네안데르탈인에 관한 연구와 관심은 지금도 계속되고 있습니다. 네안데르탈인은 빙하기를 살아 낸 인류입니다. 큰 머리, 넓고 다부진 몸집, 머리뼈의 생김새는 빙하기에 적응했던 결과입니다. 수렵, 채집, 어로 생활을 했고, 가죽으로 옷을 만들어 입었고, 언어를 사용했고, 벽화, 장신구, 매장 등의 흔적으로 보아 수준 높은 인식 체계를 가지고 있었습니다.

네안데르탈인은 사라졌지만 사라지지 않았습니다. 그들은 유라시아의 다양한 인류 집단과 유전자를 섞었습니다.

* 근친 교배는 가까운 혈연 사이에 이루어지는 교배이다.

9만 년 전에 네안데르탈인 엄마와 데니소바인 아빠에게서 태어났다는 데니소바 11$^{Denisovan\ 11}$, 이른바 '데니' 화석이 등장하기도 했죠. 그 밖에 유럽의 현생 인류와 유전자가 섞였다는 사실은 이미 모두가 알고 있습니다. 유럽인에게서 보이는 네안데르탈인의 유전자를 통해서 말이에요. 네안데르탈인의 유전자는 아직도 우리 몸속에 흐르고 있습니다.

네안데르탈인을 비롯해 빙하기를 살아 낸 많은 인류 집단은 이제 사라졌습니다. 그 자리를 현생 인류 '호모 사피엔스'가 홀로 차지하게 되었습니다.

9장

생존자 호모 사피엔스

다양성의 기원을 찾아서

다른 종?
다르게 생긴 사람!

현재 지구상에 사는 사람들은 모두 하나의 종 '호모 사피엔스'에 속합니다. 호모 사피엔스는 언제 어떻게 시작되었을까요? 이 문제에 관한 답은 생각보다 복잡합니다. 호모 사피엔스라는 종의 기원은 호모 사피엔스가 누구인지에 따라 달라집니다. 호모 사피엔스를 고인류학적으로 어떻게 정의 내려야 하는지는 간단하지 않습니다. 차라리 네안데르탈인이 누구인지는 보편적으로 동의하는 바가 있습니다. 네안데르탈인이 어떻게 생겼는지, 언제 어디에서 등장했는지, 언제부터 사라지기 시작했는지까지도 압니다. 하지만 호모 사피엔스의 기원은 동의하는 바가 없습니다. 현재 존재하는 모든 사람이 호모 사피엔스라는 점을 빼고는 말입니다.

호모 사피엔스는 과연 누구일까요? 말도 안 되는 질문이라고 생각할 수도 있지만, 우리가 다른 사람을 보면서 우리와 같은 호모 사피엔스라고 인정하기까지는 수십 년이 걸렸습니다. 인류 진화 역사에서 옛사람들은 먼 거리를 오가며 살지 않았습니다. '우리'와 '그들'을 구별하고 친하게도 지내고 갈등도 빚었지만, 모두 비슷한 지역에 사는 비슷하게 생긴 사람들이었을 뿐입니다.

14~15세기에 유럽인들이 대륙을 건너기 시작하자 한 번도 만난 적 없던 사람들이 대륙과 대륙을 넘어 만나게 되었습니다. '우리'가 '오랑캐'라고 손가락질하던 사람들이 다르게 생겼던 정도와는 비교할 수 없이 다르게 생긴 사람들끼리 만났죠. 그리고 유럽은 근대 식민지를 만들면서 낯선 대륙의 다르게 생긴 사람들을 유럽과 미 대륙으로 끌고 갔습니다. 유럽에서 대서양을 건너 미 대륙으로 가고, 아프리카에서 대서양을 건너 유럽과 미 대륙으로 갔습니다. 마침 이때가 인간에게 호모 사피엔스라는 종명을 붙여 다른 동물들과 생물학적인 단위로 묶기 시작한 때였어요. 그리고 '나와 다르게 생긴 저

프랑수아 비아르, 〈노예 무역〉, 1833년

들도 호모 사피엔스인가?'라는 의문이 시작되었습니다.

생물학적으로 다른 종 사이에서는 아이가 태어나기 어려우며 태어나더라도 생식 능력이 없습니다. 하지만 다른 집단의 사람들이 모여 살면서 자연스레 그 사이에서 많은 아이가 태어났습니다. 그런데도 우리는 오랫동안 다르게 생긴 사람 간의 관계와 생식을 통해 낳은 아이는 정상이 아니라고 생각했습니다.

그 이면에는 다르게 생긴 사람들을 단지 '다르게 생긴 사람'으로 받아들일 수 없었던 정치·경제적인 배경이 있었습니다. 다른 인종을 노예 또는 노동자로 착취하는 입장에 섰을 때 그들을 과연 자신들과 같이 행복 추구권과 자유권이 있는 '인간'으로 바라보았을까요? 급기야 19세기 말~20세기 초에는 다양한 인종을 서로 다른 '종'이라고 생각하는 사람들도 나타납니다. 하지만 20세기 초, 인류학자들을 비롯해 많은 사람이 인류는 '호모 사피엔스'라는 하나의 종이며 인종은 생물학적 단위가 아니라는 점에 동의했습니다.

호모 사피엔스의 기원

크로마뇽인이 호모 사피엔스를 대표하던 때가 있었습니다. 크로마뇽인은 학교 교과서에도 나오는 호모 사피엔스의 대표적인 화석입니다. 미국 대학 교재에도 등장합니다. 네안데르탈인인 라페라시, 라샤펠과 호모 사피엔스인 크로마뇽인을 함께 두고 비교하는 시험 문제도 종종 볼 수 있어요.

1868년 프랑스 도르도뉴 지방에서 발견된 크로마뇽인은 후기 구석기인으로 3만 5000년 전부터 1만 년 전까지 크로마뇽 동굴에서 살았습니다. 진화론과 인류의 기원에 관한 관심이 높아지자 그만큼 중요한 화석으로 다뤄졌죠.

크로마뇽인은 두뇌 용량이 1600시시이고 키는 170센티미터입니다. 네안데르탈인과 비슷한 두뇌 용량에 키도 비슷합니다. 하지만 크로마뇽인에게는 네안데르탈인에게 없는 턱과 훤칠한 이마가 있습니다. 현생 인류 화석에서 가장 먼저 확인하는 부분은 턱입니다. 눈에 띄는 턱과 수준 높은 인지 능력이 있다고 보이는 높은 이마를 현생 인류의 특징이라고 생각하기 때문입니다. 그래서 현생 인류의 기원을 알기 위해서는 크로마뇽인의 기원을 알면 되고, 네안데르탈인과 비교해 차

프랑스 크로마뇽 동굴에서 발견된
호모 사피엔스
Homo sapiens

이점을 부각하면 된다고 생각했습니다.

그런데 연대 측정을 통해 크로마뇽인이 겨우 1만 년 전 유럽에서 살았다는 사실이 밝혀졌습니다. 결국 크로마뇽인은 호모 사피엔스의 기원과는 상관없었던 것입니다. 유럽에서 알려진 호모 사피엔스의 기원은 4만~3만 년 전이었으니까요.

현생 인류 화석이 점점 더 늘어나면서 그 생김새의 공통점을 두고 논쟁이 일었습니다. 과연 턱과 이마만 가지고 현생 인류로 특정 지을 수 있느냐 하는 문제입니다. 턱이 없는 현생 인류도 많습니다. 낮은 이마가 특징인 현생 인류 집단도 많고요. 현생 인류의 조건을 목록화하는 일이 불가능했던 이유는 사람들이 현생 인류를 모두 포함하는 동시에 네안데르탈인은 배제된 목록을 원했기 때문인지도 모릅니다. 네안데르탈인에 해당하지 않는 항목을 현생 인류에 적용하면 상당수의 현생 인류도 제외됩니다. 제외된 현생 인류 집단은 공교롭게도 선주민 집단이고요.

다시 말해 네안데르탈인을 뺀 현생 인류의 조건 목록을 정당화하려면, 몇몇 선주민 집단은 호모 사피엔스가 아니라는 결론에 이르게 됩니다. 반대로 모든 사람이 포함되는 현생 인류의 조건 목록을 만들면 네안데르탈인도 모두 포함됩니다. 네안데르탈인의 생김새는 현생 인류가 지닌 생김새의 다양성 범위 안에 대다수 들어맞기 때문입니다. 1980년대에 활발히 벌어진 논쟁 끝에 네안데르탈인의 형질이 현생 인류에게도 나타나므로 네안데르탈인이 현생 인류의 조상이라는 가설이 주류가 되었습니다.

1990년대부터는 고인류에 관한 연구가 유전학을 바탕으로 이루어지기 시작했습니다. 호모 사피엔스가 20만 년 전 아프리카에서 나타났다는 유전학적인 연구 결과에 따라 20만 년 전 이후에 나오는 현생 인류의 화석을 모두 호모 사피엔스라고 부르게 되었습니다. 그리고 현생 인류는 유럽이 아닌 아프리카에서 기원했다는 가설이 지지를 받게 되었죠.

유전학적으로 인구수가 많을수록 돌연변이 수도 늘어납니다. 시간이 오래될수록 다양성은 커집니다. 현대인의 미토콘드리아 유전자를 분석했더니, 아프리카인의 미토콘드리아 유전자가 다양성이 가장 컸습니다. 아프리카인이 가장 오래된 유전자 계통수를 가지고 있다는 결론이 내려졌습니다. 그리고 그것이 아주 오래전이 아니라 겨우 20만 년 전일 것이라는 가설이 제기되었습니다. 동시에 현대인의 유전자 연구 결과는 네안데르탈인이 멸종했다는 결론을 뒷받침했습니다. 네안데르탈인의 유전자가 멸종했고 현생 인류와는 아무런 상관이 없다는 결론은 화석에서 유전자를 직접 추출한 연구에서도 나타났습니다. 이것이 1990년대에서 2010년까지 정설이었습니다.

그러다가 2010년도에 네안데르탈인 유전체를 연구한 결과가 발표되었습니다. 네안데르탈인의 유전자가 현생 인류의 유전자에도 있다는 사실이 발견되었죠. 결국 20~30년이 지나서야 화석과 유전학이 일관된 결론을 내리게 된 것입니다.

10퍼센트 인류의 중요성

현생 인류의 유전자가 대다수 아프리카에서 기원한 것은 어떻게 보면 당연합니다. 인류가 500만 년 전에 기원했다면, 이후 300만 년 동안은 아프리카에서만 살았을 것입니다. 그리고 구대륙으로 퍼져 나간 200만 년 전에도 인류의 절반은 아프리카에서 살았어요. 아프리카는 매우 큰 대륙입니다. 오랫동안 가장 많은 수의 인구가 살았던 아프리카에서 당연히 가장 많은 유전자가 기원할 수밖에 없죠.

하지만 현생 인류가 아프리카에서 기원해 전 세계로 퍼지면서 그 당시 살고 있던 사람들, 네안데르탈인과 호모 에렉투스의 남겨진 유민을 모두 죽였다는 가설은 틀렸습니다. 아프리카에서 기원한 현생 인류는 전 세계로 확산하는 과정에서 그 지역에 이미 살던 선주민과 유전자를 섞었습니다. 이를테면 데니소바인의 유전자가 서유럽 끝이나 파푸아 뉴기니에서 발견되는 것은 데니소바인의 이동 때문일 수도 있지만, 집단과 집단의 관계를 통해 유전자가 퍼졌다고 볼 수도 있어요. 네안데르탈인의 유전자가 아시아 끝에서 발견되는 것도 마찬가지입니다.

90퍼센트의 사람들이 대체되고 10퍼센트의 사람들만이 살아남아서 유전자를 남겼다 하더라도 그 10퍼센트가 인류학에서는 중요한 핵심입니다. 미 대륙으로 건너온 유럽인들이 당시 미 대륙에 살던 선주민의 90퍼센트를 죽였다고 해서 남은 10퍼센트의 선주민이 중요하지 않은 것이 아니듯 말이죠. 10퍼센트이든, 5퍼센트이든 현생 인류의 다양한 조상은 주목해야 할 화두입니다.

현생 인류가 아프리카에서 기원해 전 세계로 퍼져 나가는

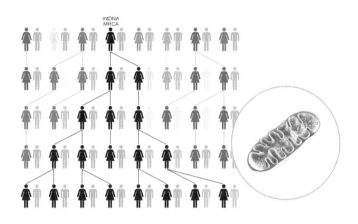

모계를 통해서만 전달되는 미토콘드리아 유전자는 죽은 세포에서도 추출할 수 있어서 인류 계통 조사에 유용하다.

과정에서 토착민들과 유전자를 섞었다는 것은 설득력 있는 가설입니다. 호모 사피엔스라는 같은 종 안에서 다른 집단끼리 유전자를 섞은 '유전자 유동gene flow'일 수도, 서로 다른 종끼리 유전자를 섞은 '혼종introgression'일 수도 있습니다. 이러한 분류가 전통적인 고인류학에서는 매우 중요했지만, 정작 과거 인류에게는 서로의 유전자를 교류하는 게 중요했지, 서로 다른 집단이나 다른 종인지 여부는 별로 중요하지 않았을 거예요.

'종'이란 고정적이지 않고 유동적인 개념입니다. 시작이 있고 변화하고 멸하는 역동적인 개념을 딱딱한 규격에 넣고, 이 종과 저 종을 구분하는 것이야말로 종의 개념에 어긋나는 일일지도 모릅니다. 호모 사피엔스의 유전자가 기원해 호모 사피엔스라는 새로운 종이 생긴 것이 아닐 수도 있습니다. 오스트레일리아 선주민들은 6만 년 동안 분리된 상태에서 살았어요. 하지만 6만 년 후에 다시 유럽인들과 만나서 아무 문제 없이 서로가 호모 사피엔스라는 사실을 확인할 수 있었습니다. 그렇게 바다 한가운데에서 6만 년 동안이나 고립되어 있었어도 다른 종으로 갈라지지 않았는데, 아프리카 대륙과 연결된 다른 대륙에서 새로운 종이 출현할 수 있었을까요? 중요한 것은 다양한 인류 집단이 서로 만나서 문화와 유전자를 나누었고, 그 흔적이 지금까지 남은 뼈와 유전자에서도 나타난다는 사실입니다.

1998년 포르투갈에서 발견된 라가르 벨료 1$^{\text{Lagar Velho 1}}$은 '라페도 아이$^{\text{Lapedo Child}}$'라는 별명을 가진 화석으로, 네안데르탈인과 호모 사피엔스의 형질을 모두 보입니다. 네안데르탈인과 현생 인류 사이에는 넘을 수 없는 벽이 있다는 가설이 주목받던 시대였어요. 심지어 '금지된 사랑'이라는 제목의 관련 기사가 종종 눈에 띄었습니다. 물론 이제는 네안데르탈인과 호모 사피엔스 사이에서 아이가 태어나는 일이 생각보다 빈번했음을 모두가 압니다.

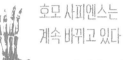

호모 사피엔스는 계속 바뀌고 있다

호모 사피엔스만이 독특하게 언어를 쓰고 상징적인 행위나 예술 행위를 했다고 여기는 사람들이 아직도 많습니다. 그들은 호모 사피엔스의 기원을 유럽의 후기 구석기나 창의 혁명의 기원과 같다고 생각합니다. 그러나 지난 20~30년 동안의 연구는 그렇지 않다는 사실을 밝혀냈습니다. 상징 행위, 언어, 예술, 장신구와 같은 흔적이 유럽만큼이나 오래되었거나 유럽보다 더 오래된 유적들에서 발견되기 시작했습니다.

2021년 1월, 오스트레일리아 그리피스 대학교와 인도네시아 국립 고고학 연구소가 참여한 연구 팀은 인도네시아에서 4만 5500년 전에 그려진 것으로 추정되는 멧돼지 벽화를 발견했다고 발표했습니다. 이러한 유적을 호모 사피엔스라는 생명체가 아프리카 밖으로 이주한 흔적으로 보기도 합니다.

우리는 마치 점을 잇듯 그려진 지도를 자주 접합니다. 흔히 가장 이른 연도에서 가장 나중 연도로 잇습니다. 하지만 고인류의 확산은 이주가 아닙니다. A 지점에서 B 지점으로 이민이나 이사하듯 옮겨 가는 것이 아니라 어느 지점에 살던 집단이 여러 가지 이유로 인구가 늘어나면서 지경을 넓히는 것이죠.

지금 존재하는 호모 사피엔스인 우리는 매우 깊은 기원과 매우 짧은 기원을 동시에 가지고 있습니다. 전 세계에 퍼져 있으면서 하나의 종을 이루는 호모 사피엔스는 특별합니다. 다른 계통은 이쯤 되면 여러 종으로 분화했을 거예요. 바퀴벌

레나 쥐를 보면 알 수 있죠. 그러나 우리는 여전히 하나의 종입니다. 어떤 집단은 사라지고 어떤 집단은 후손을 남겼지만, 이들 모두 현생 인류, 호모 사피엔스입니다.

이 이야기의 첫머리에서 호모 사피엔스의 정의가 분명하지 않다고 했습니다. 실제로도 호모 사피엔스는 계속 바뀌고 있습니다. 생물학적 종은 변하지 않고 그대로 이어진다고 생각한다면, 그것은 틀린 생각입니다. 호모 사피엔스는 하나가 아니며 하나의 조상에서 내려오는 하나의 후손이 아닙니다. 여러 조상 집단의 다양한 '섞임'의 결과로 생겨난 존재입니다. 수십만 년 동안 이어져 온 다양성의 후손이 바로 지금의 '우리'입니다.

나가는 글
어제와 오늘
그리고 내일의 우리에게

    찰스 다윈은 5년간의 비글호 항해를 마치고 진화에 관한 생각을 노트에 꼼꼼하게 정리하기 시작했습니다. 『종의 기원』이 출판되기 22년 전인 1837년에 다윈이 그린 한 장의 그림은 간단하면서도 강력한 메시지를 담고 있습니다. 세상의 생명은 점조직으로 따로따로 떨어져 존재하는 게 아니라 서로 연결되어 '생명의 나무'를 이룹니다. 이 세상의 수많은 종

은 하늘에서 뚝 떨어진 게 아니라 공통 조상에서 갈라져 나온 결과입니다. 마치 나뭇가지가 한 가지에서 여러 갈래로 뻗어 나가듯 하나의 조상 종에서 여러 종이 갈라졌습니다. 그러니까 어떤 종이라도 시간을 거슬러 올라가면 언젠가는 공통 조상을 만나게 된다는 뜻입니다.

우리가 속한 호모 사피엔스 역시 마찬가지입니다. 인류 계통이 기원한 이후 500만 년 동안 다양한 조상이 나타나고 사라졌습니다. 어떤 조상은 직계 조상이고 어떤 조상은 우리와 관계없는 곁가지 조상이라는 생각은 틀렸습니다. 현재 조상 종은 모두 사라졌지만, 사실은 우리 안에 남아 있습니다. 수백만 년 전의 오스트랄로피테쿠스도 오늘 두 발로 걸어 다니는 우리의 모습 속에 새겨져 있습니다. 수십만 년 전 고인류는 지구 곳곳에서 다양한 환경에 적응하며 살아 냈습니다. 지금의 북극 지방과 같은 추위에 추위하고, 열대 지방과 같은 더위에 더워하며 살았습니다. 자연재해에 죽기도 했지만, 호기심에 폭발할지도 모를 화산 가까이 다가가기도 했습니다. 동굴 안에서 바깥세상을 상상하며 벽화를 그리고, 도구를 만들고, 죽은 이를 묻었습니다. 어쩌면 그들 역시 오늘의 우리를 상상했을지도 모릅니다.

고인류는 우리에게 계속 새로운 모습을 보입니다. 내일의 우리를 만드는 오늘의 우리, 오늘의 우리를 만들어 낸 어제의 우리와 만나는 놀라운 여정을 앞으로도 여러분과 함께하고 싶습니다.

대표 화석으로 만나는 인류 진화 연대표

500만 년 전   **400**만 년 전   **300**만 년 전   **200**만

아르디피테쿠스 라미두스 '아르디'
440만 년 전

1992년 아프리카 에티오피아에서 발견되었고, 나무도 타고 두 발 걷기도 했다고 추정한다.

오스트랄로피테쿠스 아파렌시스 '루시'
330만 년 전

1974년 아프리카 에티오피아에서 발견되었고, 목뼈 아래의 뼈를 통해 두 발로 걸었다는 사실을 추정했다.

오스트랄로피테쿠스 아프리카누스 '타웅 아이'
230만 년 전

1924년 아프리카 남아프리카공화국에서 발견되었고, 두뇌에서 반달 모양 뇌골이 어디에 자리했는지를 두고 오랫동안 논쟁이 일었다.

100만 년 전   0

호모 에렉투스 '드마니시'
180만~170만 년 전

1999~2005년에 걸쳐 조지아공화국에서 발견되었고, 유라시아에서 가장 오래된 화석이다.

호모 하빌리스 'OH24'
180만 년 전

1968년 아프리카 탄자니아에서 발견되었고, 뇌 용량이 오스트랄로피테쿠스 아프리카누스보다 크다.
호모 하빌리스는 '손재주 있는 사람'이란 이름 뜻처럼 최초로 석기를 사용했다고 추정된다.

호모 에렉투스 '나리오코토메 소년'
160만 년 전

1984년 아프리카 케냐에서 발견되었고, 루시보다 훨씬 큰 몸집과 긴 다리를 가졌다. 호모 에렉투스가 인류 최초로 달리기 시작했을 가능성이 크다.

호모 네안데르탈렌시스 '라샤펠오생'
6만~5만 년 전

1908년 프랑스 라샤펠오생에서 발견되었고, 질병을 앓고도 돌봄을 받으며 오래 살아남은 노인의 화석으로 추정한다.

호모 에렉투스 '베이징인'
60만~30만 년 전

1929년 중국 베이징에서 발견되었고, 호모 에렉투스가 동아시아까지 확산했다는 사실을 보여 준다.

호모 플로레시엔시스 '호빗'
10만~6만 년 전

2003년 인도네시아 플로레스섬에서 발견되었고, 머리와 몸집이 매우 작다.

호모 사피엔스 '크로마뇽'
3만~1만 년 전

1868년 프랑스 레제지에서 발견되었고, 높은 이마와 눈에 띄는 턱이 특징이다.

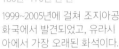
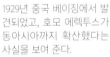

사진 저작권

Kuhn, Ashley Kruger, Steven Tucker, Alia Gurtov, Nompumelelo Hlophe, Rick Hunter, Hannah Morris, Becca Peixotto, Maropeng Ramalepa, Dirk van Rooyen, Mathabela Tsikoane, Pedro Boshoff, Paul H.G.M. Dirks, Lee R. Berger

선택과 모험이 가득한 인류 진화의 비밀 속으로
우리는 어떻게 우리가 되었을까?

초판 1쇄 펴낸날 2021년 12월 1일
초판 3쇄 펴낸날 2022년 5월 10일

지은이   이상희
그린이   이강훈
펴낸이   홍지연

편집   고영완 정아름 전희선 조어진
디자인   전나리 박태연 박해연
마케팅   강점원 최은 이희연
경영지원 정상희

펴낸곳   (주)우리학교
출판등록 제313-2009-26호(2009년 1월 5일)
주소   03992 서울시 마포구 동교로23길 32 2층
전화   02-6012-6094
팩스   02-6012-6092
홈페이지 www.woorischool.co.kr
이메일   woorischool@naver.com

ⓒ이상희, 2021
ISBN 979-11-6755-026-2 43470